现代景观设计理论与方法

张晓瑞　杨洪波 ◎ 著

吉林出版集团股份有限公司

图书在版编目（CIP）数据

现代景观设计理论与方法 / 张晓瑞，杨洪波著. —
长春 : 吉林出版集团股份有限公司，2024.4

ISBN 978-7-5731-4825-4

Ⅰ. ①现… Ⅱ. ①张… ②杨… Ⅲ. ①景观设计—研
究 Ⅳ. ①TU983

中国国家版本馆 CIP 数据核字（2024）第 081555 号

现代景观设计理论与方法

XIANDAI JINGGUAN SHEJI LILUN YU FANGFA

著　　者　张晓瑞　杨洪波

责任编辑　曲珊珊　王艳平

封面设计　林　吉

开　　本　710mm×1000mm　1/16

字　　数　220 千

印　　张　14

版　　次　2024 年 4 月第 1 版

印　　次　2024 年 4 月第 1 次印刷

出版发行　吉林出版集团股份有限公司

电　　话　总编办：010-63109269

　　　　　发行部：010-63109269

印　　刷　廊坊市广阳区九洲印刷厂

ISBN 978-7-5731-4825-4　　定价：78.00 元

版权所有　侵权必究

前　言

在现代社会发展中，随着时代的变迁和空间结构的变化，现代景观设计在一定程度上得到了相应的发展，为人们提供了良好的视觉感受，拉近了人与自然之间的距离。现代景观与古典园林之间有完美的契合点，现代景观设计中将传统审美理念和古典园林设计逻辑应用到实际的景观中，从而进一步增强了现代景观的意境美。

现代景观设计的艺术源泉更多地来自于现代艺术。现代艺术的每一种艺术思潮和艺术形式都为景观设计师提供了可借鉴的艺术思想和形式语言。艺术家的创造力更丰富，他们有着超凡的想象力和独特的视角，他们一直追求创新，他们对时代精神的感知比设计师敏感得多。艺术家总是走在艺术的前沿，他们的思想和艺术表现形式引领着园林景观设计师向前进。不同的艺术领域又有着不同的艺术特征，但同属于艺术领域，不同门类之间有着必不可少的联系，不仅可以相互借鉴，还可以相互促进。

在现代园林景观设计中，如何有效地运用艺术素材和现代技术成为景观设计中的一个重点内容。在时代的发展下，景观艺术也经历了思想上的过渡，早期的现代主义是一个包含极广的艺术范畴，其更多关注于景观的功能与形式语言。随着极简主义的发展，人们逐渐偏向于纯粹、单一的艺术要素，所展现出的景观具有形式纯净、质感纯正、序列清晰等特点。后来大地艺术继承了极简艺术的形式，由此可见现代景观设计是受到多种艺术的交叉影响，从而呈现出多元化的景观风格。

为了提升本书的学术性与严谨性，在撰写过程中，笔者参阅了大量的文献资料，引用了诸多专家学者的研究成果，因篇幅有限，不能一一列举，在此一并表示最诚挚的感谢。由于时间仓促，加之笔者水平有限，书中难免出现不足的地方，希望各位读者不吝赐教，提出宝贵的意见，以便笔者在今后的学习中加以改进。

张晓瑞　杨洪波

2024 年 1 月

目　录

第一章　现代景观设计概述

第一节　现代景观设计的概念

越来越多的现代景观设计作品不再采用原本大量应用的主题雕塑的手法，更多地以现代艺术形式出现，其视觉美感和多样的形式为我们的城市增添了无限色彩情趣。而现代城市景观的发展离不开现代艺术，现代艺术对现代景观设计有着深远的影响。本书将对现代景观设计的形式进行分析，研究形式如何在现代景观设计中得以应用。

一、现代景观设计的概念

景观设计是一门关于如何安排土地及土地上的物体和空间来为人创造安全、高效、健康和舒适环境的科学和艺术。景观是人类的栖息地，是人与人、人与自然的关系在大地上的烙印。与传统景观设计相比，现代景观设计更面向生活、贴近生活，同时服务性更为广泛，能满足更多的需求。

二、现代景观设计的特征

（一）现代景观设计的风格特征

1. 东方风格

东方风格注重感情上和精神的追求与领悟，如内秀、恬静、含蓄。它追求的是一种天人合一，是一种人与自然和谐相处、相互依存、相互融合的一种微妙关系。在空间关系上，东方风格的追求以含蓄为主，追求的是一种规规矩矩、方方正正的设计。在空间私密性上，东方风格比较封闭，以保守为主。东方的园林设计很有意境，造山、造水、造树、造景，追求与大自然的契合，表现出与大自然相互融合的关系，呈现出一种返璞归真的意境，东方园林追求自然山水与精神艺术美的和谐统一。

2. 西方风格

西方景观的风格则比东方的更人性化。相比东方风格的规矩，西方风格更开放一些。西方园林追求个性、活泼、激情、整齐和规则。西方园林有时候很注重排场，注重对称、整齐、条理。例如，欧洲古典园林以规则、整齐、有序的景观为美；英国自然风景式园林以原始、纯朴、逼真的自然景观为美，追求人的重要地位，倡导人是主体、人是中心的思想。园林中的建筑、小品、植物绿化、道路、水、山等设计，在大的原则和小的层面上整体统一且有规律可循，这可以说是西方园林最显著的特点。园林的布置不是杂乱无章的，而是有一定的设计规则和设计理念的，在追寻以人为本的前提下，与大自然契合。西方园林展现的是有逻辑、有原则、有章法的美，改造自然的美，在几何形式的组合下个性开放的美。

（二）现代景观设计的时代性特征

我国传统园林的审美取向更注重寓意，这不是指传统迷信，只是大家都认为一种好的说法或象征会更美。现在越来越多的年轻设计师喜欢打破陈规，在设计中加入个人的审美，追求简单明了，更多地迎合现代社会的需求。时代在发展、在进步、在创新，设计也需要发展，也需要进步，只有这样才会有更多的园林作品在实用的前提下更美观、更人性化。

三、现代景观设计中的形式

现代景观形式的平面构成。景观造型设计的基本元素包括点、线、面等构成方法，其中点、线、面是景观的基础。平面构成在景观设计中无处不在。现代景观设计中将点、线、面按照一定的规律进行各种组合，达到美的效果。点在景观设计中代表空间中的一个位置，具有定位的作用。在景观设计中，只有将多种线和点结合在一起，景观才会更具有生命力。

现代景观形式的立体构成。立体构成是将各种三维元素按照一定的规律和构成原则进行组合，形成新的形态。立体构成是以平面构成为基础的，但立体构成是在三维空间中进行的。抽象性在现代城市景观中越来越被重视和应用，现代景观设计的抽象性更加符合现代化发展的规律，在快节奏、高效率的工作和生活方式下，人们也更容易接受抽象性的造型作品。

现代景观形式的色彩构成。色彩构成就是色彩的相互作用，是从人对色彩的感知和心理效果出发，利用色彩在空间、量与质上的可变幻性，按照一定的规律去组合各构成之间的相互关系，再创造出新的色彩效果的过程。在现代景观设计中，色彩是必不可少的元素，色彩能赋予景观不同的情感。如果景观少了色彩，那么即使其外观千变万化，也很难体现出景观的魅力。

四、现代景观设计中形式的应用

视觉景观形象、环境生态绿化、大众行为心理是现代景观设计的三个元素，它们与形式相辅相成、密不可分。通过浪漫主义景观的情感发展，人们的思维增长达到了平衡状态。在景观设计中，形式在应用中不再只是形式，而是在为人的情感服务。

景观设计也不再只满足人的精神追求，而更注重环保与和谐。所以景观设计的形式运用开始转向生态化设计。所谓生态设计是以生态为核心，以自然为主题。世界的发展离不开科技，如今科学技术的飞速发展也引发了现代景观设计的形式在设计中的新运用。形式的姿态是多种多样的，合理运用形式的多样性可以提高设计素养，使设计具有一定的实用性。

五、形式与人类功能、精神需求、地域文化和形态特征的融合

现代景观设计形式与功能多样性的融合。在现代景观设计中，运用功能的动与静、开与闭、公与私等的结合，将人类对功能的需求和现代景观设计的形式相融合，创造出景观设计的新形式。我们的设计不再只是单纯地追求艺术上的美，而更多注重使用功能上的可持续性。如今的园林景观设计不再是为了形式而追求形式，也不是为了功能而追求功能，只有充分地结合这两个方面进行设计构思，才能实现景观设计的合理与美观，符合为人服务的主旨，让人在游玩时既能感到方便，又能满足审美需求。

现代景观设计形式与精神需求的相互影响。形式本身拥有着自然属性，景观设计旨在对自然进行规划和创造，以达到自然与人和谐相处的目的，所以现代景观设计中包含着纯净的自然形式，以满足人们精神上的需求，而精神需求在某一方面又主导着景观设计的形式。作为精神放松的场所，景观的形式影响着人们的情感。不同形状的物体呈现的不同形式会带给人不同的感受。人们产生精神上的消极思想，是不受地域和国家限制的。人如果长时间处于这种精神状态，就会产生对自然原始事物的向往。现代景观的形式能让忙碌一天的人们得到精神上的放松，在自然美好的事物里，寻找自我的价值，接近更加本真的自己，从而找到情感上的归宿。

通过融入合理的地域文化来表现景观设计形式。现代景观设计的形式对精神需求和地域文化的融合是有所不同的，前者是被形式影响，后者则

可以主导形式。任何现代景观设计都应该包含一定的文化，传达特定的含义，因为景观设计不是冷冰冰的工程，而是一种文化艺术。在现代景观设计中，设计师通常运用当地的地域文化来做设计思路，造就现代园林设计的形式。凡是公众认知的景观无不融合自然观的文化模式，且具有一定的地域文化内涵与审美价值，同时在一定程度上凸显了一个城市的象征性。由于设计师们的地域文化内涵及审美价值观不同，他们所创造出的景观设计形式也有所不同。增强场所的文化感，强调归属感，让游园者因联想到生活里的一些过往或某段历史变迁而产生不同的感受，最后达到文化共鸣，是很多现代景观设计师在设计时考虑的主线。

现代景观设计都包含着表达特定含义的形式感，因为景观设计不是冷冰冰的工程，而是一种精神艺术。在现代景观设计中，我们不能一味地只追求形式上的推陈出新，而应该把形式推向更为合理的方向，让现代景观设计更加贴近生活，满足人们对功能、精神、审美的需求，同时，向环保生态化发展。

第二节　现代景观设计的发展及趋势

一、现代景观设计的发展历史与现状

（一）现代景观规划设计的萌芽

在人类进入奴隶社会和封建社会后，古代亚洲和非洲的一些地区首先

发展了农业，实现了人类历史上的首次革命，种植和驯养技术的日益发达为园林的形成提供了基础。在这个漫长的过程中，园林慢慢演变出了多种不同的风格。例如，因时代变化及地域变化而变化的东方园林和西方园林，因不同民族而变化的古希腊庭院、古巴比伦园林等，它们都兼有民族性和地域性，无论是建筑还是景观，设计上的东西无明确界限。

这一时期的园林大多有一定的界限，即利用和改造天然的地形地貌，结合植物栽培、建筑布局及禽鸟畜养，形成一个较完整的居住游憩环境。这个时期的园林有三个共同的特点：一是直接为少数统治者所有；二是封闭的内向型；三是以追求视觉效果和精神享受为主，并不体现社会和环境效益。

山、植物、建筑、水是园林景观构造设计搭建时必备的几个元素，这可以在许多记载中得到印证。如我国古代《穆天子传》中西王母所居的“瑶池”和有“皇帝之宫”之称的“悬圃”，西方基督圣经中的“伊甸园”，佛教中的“极乐世界”，伊斯兰教《古兰经》中的“天国”等，其描述均说明人们对园林的基本形式和内容有了一定的认识。而此时东方园林和西方园林因不同的地域思维方式，不同国家、不同民族的生活差异、文化背景、审美方式，形成了东西方园林各自的园林特点。

（二）现代景观设计的现状

1. 园林景观设计与生态环境的结合

我国部分城市把生态环境问题列为城市发展的第一位，对生态环境的保护和可持续发展非常重视，这一点在园林景观的设计上体现得很明显。

这些地方通过科学的园林景观规划和设计，将园林景观与生态环境进行有机结合，从而促进城市经济效益和生态效益的协同发展。

2. 园林景观的设计理念逐步完善

在园林景观设计中，一些城市将管理和创新结合得较好，通过仔细分析本地的历史文化、城市发展、自然风景等实际情况，对园林景观设计理念不断进行改进和完善，逐步形成了具有当地特色的、科学的园林景观设计理念。

（三）现代景观设计实践中存在的问题

目前，我国的园林景观设计中，存在着一个普遍的问题，即盲目抄袭。盲目抄袭忽视了园林景观设计的地域性、文化性的差异，存在盲目的拿来主义，导致我们看到的很多园林景观大同小异，环境雷同。无论是在磅礴的北方，还是秀丽的南方，我们见到的园林景观很多都是外观一样的西洋化小品，相似的整体布局规划。同时植物配置不考虑当地气候，没有当地的地域风格和特点，不仅浪费了使用成本和养护费用，关键还没有发挥出植物景观的使用功能，使园林景观的使用价值没有得到最大化的开发和利用。

二、现代景观设计的发展趋势

（一）现代景观与艺术的融合

景观设计有一个很突出的特点——时代性。在现代艺术创作思想的影响下，景观设计开始走向了一个新的发展方向，即现代艺术与景观设计相融合。

现代景观设计的艺术源泉，更多地来自现代艺术。现代艺术的每一种艺术思潮和艺术形式都为景观设计师提供了可借鉴的艺术思想和形式语言。艺术家的创造力更丰富，他们有着超凡的想象力和独特的视角，他们一直追求创新，他们对时代精神的感知比设计师敏感得多。艺术家总是走在艺术的前沿，他们的思想和艺术表现形式引领着园林景观设计师向前进。不同的艺术领域又有着不同的艺术特征，但同属于艺术领域，不同门类之间有着必不可少的联系，不仅可以相互借鉴，还可以相互促进。

（二）现代景观与生态的结合

目前，无论是室内设计、家装设计、园林设计、景观设计，还是城市规划设计，都逐渐在往大自然这个方向靠拢。随着审美理念及品位的提高，人们越来越重视自然、人文，贴近生活，贴近大自然，所以设计者要优先考虑生态环境因素。园林景观已经成为城市生态系统的一部分，园林景观的生态效益和社会效益是否可以实现，与城市本身的生态环境有着密切联系。因此，设计者在进行园林景观设计时，要结合城市自身生态发展的需求，将园林景观生态和城市本身的生态系统完美结合，这样园林景观设计才能使城市变得更加美丽、迷人，同时，这也有利于树立新的城市形象，在一定程度上带动城市旅游业的发展。为了满足人们对高质量的生活需求，设计者应尽可能地多设计一些开放式的绿地，让人们不仅可以充分感受到自然的气息，还能在忙碌的现代化生活中放松心情。

（三）现代景观与文化的结合

园林景观设计的灵感来自自然文化，大自然赋予了我们设计灵感。传统的园林设计者最初所领悟到的是天人合一的思想，认为只有在寻求人与自然和谐共处的道路上不断前进，才能设计出更加完美的园林作品。现在，自然文化已经是风景园林文化中不容小觑的重要组成部分，在设计中，只有更多地运用自然文化，才能顺应当今人类社会发展的趋势。在这种以人与自然和谐相处为主的设计思想下，设计者所设计出来的园林作品更能满足人们的生活需要。

第二章　现代景观的空间建构

第一节　空间的构成要素

本节从形态构成角度出发，依据形式美的构成规律，运用理论研究和案例分析相结合的方法，从实际出发剖析室内设计现象背后的本质问题。本节重点介绍剖析室内空间形态的构成要素与形态构成基本要素之间的联系，以及形态构成的形和意在室内空间中的对应运用，从而为室内设计总结归纳出一些相对实用的规律和方法。

一、室内空间形态构成

室内形态是室内空间的界面外貌和结构特征，是视觉和触觉能感受到的物体形象，其包含的元素有界面（顶面、地面、墙面）、材质肌理、色彩、光环境、内含物（家具、陈设、绿植）等，这些构成了室内的实体形象，是室内空间形态得以营造的必要条件。除此之外，室内空间形态还包括了由这些构成元素形成的心理感受空间，用来引发空间带给人们的不同情感唤醒和共鸣。实体形象和感觉空间两者相互依存、共同作用，协调好这些构成要素间的组合搭配关系，可以塑造出形态迥异且情感丰富的室内空间形象。

二、形态构成基本要素

形态构成的要素可概括为两点：一是造型要素，二是情感要素。造型要素包括形态的基本要素（点、线、面、体）、色彩、肌理、光影等，这些要素按照一定的规律和法则组合起来，能创造出秩序感、运动感、节奏感、韵律感、空间感等视觉效果。情感要素则是造型要素通过人的视觉、触觉所引起的心理感受，例如，不同色彩的印象性和专属色彩的象征性表现，不同材料呈现出的色泽、软硬、纹理带来的重量、温度等感受。在室内设计中，有效利用造型要素的心理特点，能为营造不同空间的情感氛围提供有力的依据。

三、形态构成基本要素在室内空间形态塑造过程中的具体应用

（一）通过室内单元空间大小与位置关系进行空间规划

室内规划是通过分割与组合的手段对室内空间进行的整体规划，既可以规律严整，也可以自由活泼，其组织空间的前提建立在空间功能和行为动线的基础上，再经过一定的审美原则将各空间排列组合在一起，这一过程类似于将整体打散再重新组合，解构再重构。每个功能空间都是一个独立的单元体，那么空间布局的任务就是合理分配每个单元体的大小，以及

根据功能相互作用的关系确定它们在整体环境中的位置关系，分清它们是邻接、穿插、包含、对位等关系还是主次关系。好的空间规划是塑造室内空间形态的第一步，也是非常重要的一步。空间规则遵循以下原则和技巧：

1. 对位与均衡

对位是指平面中所有的构件、墙体和家具之间的对位关系，可以是居中对位，也可以是居左或者居右对位，无规律的组合会使空间显得凌乱，让人感觉空间不简练，动线不流畅。均衡是平面布局的一大原则，讲究的是空间布局的匀称，避免出现一边很拥挤，一边很空荡的情况。

2. 比例与尺度

符合美学审美的室内空间同样存在恰到好处的比例尺度。室内的长、宽、高应遵循合理的比例尺度，宽敞而高大的室内空间会使人感到肃穆和稳定，相反，狭长而低矮的室内空间会让人感到压抑和拘谨，这就是我们通常所说的空间心理尺度。在限定的空间中，我们往往会通过室内界面的处理方式、错视觉空间设计、图案和质地的比例色调、空间内含物的陈列位置等方面来掩盖房间比例的缺陷，进而巧妙地创造出令人舒适的空间尺度。然而也有些公共场所的空间尺度与空间的性质有关，比如教堂的纵向尺度较横向尺度比例大得多，这是由于教堂所采用的是高耸空间，这种空间相对于人的尺度来说是巨大的，人在这种空间内会感到自身的渺小，感到神秘。另外巧用黄金分割比例来处理界面分割及协调室内家具的位置关系，也能营造出符合审美的和谐空间。

3. 主从与重点

室内各单元空间同样存在主角和配角关系，中心部分或者要着重说明的部分，会成为整个空间的视觉焦点或平面布局上的重点，也就是说各单元空间也要有主次之分，这样才能形成鲜明的层次美感。在空间规划时可将空间功能的主次或人在此空间中的特殊需求作为切入点，对重要的空间进行着重塑造，对次要的空间进行弱化处理。

（二）通过围合室内空间的实体造型及质地构建空间界面形象

影响室内界面的主要因素有室内的采光、照明、材料的质地和色彩、界面本身的形状、凹凸和图案肌理等。室内界面造型的塑造可看成是单一基本形体依照形式美法则，运用某种构成方式对各要素进行群化组合，或在其表面结合图案，运用切割、折叠、镂空、拉引等构成手法形成凹凸及肌理感，加上界面形体在一定的光源环境中形成的光影效果，共同构成室内空间界面的整体形象。

1. 界面形体

室内界面的形体是指围合室内空间的实体造型，即室内空间的底面、侧面和顶面。在这里，我们可以将室内界面所呈现出的状态看作形态构成中的基本元素即点、线、面、体，通过一定的形态构成手法，构成具有形式美感的空间界面形象。例如，将形态构成元素中的曲面这一单元形体，通过穿插、并置、层叠等手法，体现出层次、渐变、对比效果，打破空间的稳定性，呈现出曲面因有秩序的叠加而带来的节奏感和韵律感。在2014年第九届“金外滩奖”获奖作品《Aburi Yakitori 黑炙》中，顶面和墙面均运用了形态构成基本元素中的点元素，通过点的密集且有秩序的重复和渐变阵列，配合灯光的强弱变化，形成起伏的、若隐若现的迷幻空间形象。

2. 材料质地与组合

室内界面形象与材料质地及组合方式有着密切的关系。室内材料质地的自然属性是由材料特有的色彩、光泽、纹理、冷暖、软硬以及透明度等多种因素组合而成，不同材料因质地不同，会产生不同的视觉效果和心理感受。室内所涉及的材料往往不是单一的，材料之间的搭配要兼顾协调性和主次性才能有视觉美感。

常见的材料组合方式有相似材质的组合、对比材质的组合、强质材料与弱质材料的组合等。室内中通过相似材质之间的配置，在空间中形成和谐统一的美感。比如，具备光泽度、高反射、强冰冷特性的金属、玻璃、镜面等材质的组合会给人以兴奋感、硬朗感，适用于同样有兴奋需求的娱乐空间或冷酷个性的私人办公空间；具有柔软、温暖、细腻属性的布艺、木材、塑料等材质组合在一起会营造出宁静、放松、温馨的环境氛围，这类材料配置可用于有安静环境需求的茶室等餐饮空间或洗浴中心等。对比材料的组合可达到冲突、矛盾、强烈的效果，如视觉上的柔和与高光，触感上的光滑与粗糙、温暖与冰冷，心理上的奢华与质朴以及材料的透明性产生的虚实效果。比如在服装专卖店中，某些品牌为了突出服装产品柔软丝质的质感，在空间界面的材料选用上，善于运用混凝土水泥、砖石的粗犷质感加以对比和烘托，从而更加突出展示产品的特点。另外，将粗糙、闪光、凹凸鲜明的强质材料与平滑、无光、柔软的弱质材料进行组合搭配，若是运用恰当，则可以相互衬托，增加空间层次感，使主从关系明确并相得益彰。

（三）以光照、色彩、肌理为构成因素的室内情感氛围的营造

空间本身是没有情感的，正是因为人在其中的作用，空间才被赋予了情感。不同的空间给人带来不同的情感，影响室内空间情感的因素很多，例如，空间的大小和形状，色彩的联想作用和象征意义，不同光环境对人的心理影响等。结合人文地域特征来看，这些因素充当了人与空间情感传递的媒介，引起人们情感上的共鸣。

1. 色彩与肌理

室内空间形态中的色彩和肌理属性依附于材料，而它们对人们的情感心理产生了很大的影响。室内空间的色彩是由背景色、主体色及强调色共同营造的，而色彩在空间中的构成除了色彩三要素的色相、明度和饱和度所带来的视觉效果外，更重要的是色彩的温度感、尺度感、重量感、时间感及色彩情绪在室内空间中所产生的心理效应。肌理体现材质美，肌理感对造型的情感表达也很重要。肌理是除了色彩之外，第二个让我们感知事物外在形态和质感的重要视觉及触觉要素。色彩和肌理两者在室内空间中协同工作，可以说在空间主题的情感表达上，它们的作用是功不可没的。

在青岛“如是书店”的空间形态塑造过程中，为了给来到这里的读者一个清新、文艺、亲切的阅读环境，书店内部整体色调选用了原木本身的淡雅颜色，体现在原木的地面铺装，原木的书架、阶梯、展柜等上，配合有着相同古朴雅致特点的麻布、草席窗帘、麻绳装饰柱等，其传递出的天然的色调及质朴的肌理与书店的功能气质融合得天衣无缝。

2. 光照

光照是创造室内空间情感氛围的因素之一，在三维形态的塑造中，除了立体构件本身的形状外，还要考虑其处在光环境中的光影效果。首先，光丰富了室内空间的气氛，例如特色餐厅、咖啡馆的室内空间的光环境，往往需要借助不同光色的照明营造出浪漫、惬意的气氛。暖色光（暖黄色、粉色、紫红色等）常运用在餐饮环境中，一方面整个空间氛围会因此变得温暖惬意，另一方面暖色光会让食物看上去更加秀色可餐。其次，光丰富了室内空间物体的形态，局部或重点照明在空间中都会让室内的物体形态更加突出，如为了突出墙面凹凸肌理效果投射照明（擦光墙、光洗墙），突出层面造型的背光照明及地面照明，抑或是通过图案界面或透光材质使光有了具体的形状，并以此来烘托出空间整体主题氛围。最后，通过光影的结合，塑造虚实的奇妙空间效果，如上海世博会的波兰馆把波兰民间传统剪纸艺术语言元素同现代表现主义的艺术手法编织、糅合在一起，通过建筑表面的无数镂空花纹散发出来，呈现出明暗错落的光影效果，带给人们与众不同的视觉体验，丰富了空间的趣味性。

本节尝试以形态构成理论，结合室内设计实践进行解析研究，补充了室内空间形态与构成要素之间的联系，总结了在具体室内实践案例操作中的方法和技巧。本节的内容将设计理论与设计应用相衔接，透过现象挖掘本质，再将基础性理论与室内设计中涉及的方面进行对应和运用，真正起到连接基础与专业的桥梁作用，为室内设计提供指导性方法，塑造出符合功能需求和现代审美的创造性室内空间。

第二节　空间的组织形式

一、城市广场

广场最早起源于古希腊，是人们进行集会和商品交易的场所，形式多样且不规则，其因开敞无覆盖的空间特性，逐渐成为城市生活的中心与象征，承载着城市居民主要的公共生活。

汉斯·乔吉姆·阿明德（Hans Joachim Aminde）对城市广场给出了比较全面的概念："城市广场是由边界限定了内外的明确的三维空间，其基面和边界都被赋予了建筑学的定义。""城市广场是公共的城市空间组成部分，它在所有时候对所有人开放。""城市广场常常是城市历史上通过重要事件留下痕迹的地方，或许作为一种集体记忆的场所。""城市广场被容纳进了城市道路网络，作为网络的节点它同时也是静稳的。”“成功的城市广场应具有超量的步行功能特征。”从上述描述中可以看出城市广场的公共属性，一方面它的形态必须是完全开放的，另一方面，它必须吸引大量的人流与活动。城市广场的植物造景也必须遵循上述原则，满足人们对城市公共生活的需求。

二、园林植物与植物造景

园林植物是指由人工栽培、具有一定观赏价值、适用于园林绿化的植物材料，主要包括乔木、灌木、藤本植物、草本、木本花卉、草坪以及地被植物，另外，园林植物也包括防护植物、经济植物以及室内装饰用花卉。

我国在20世纪70年代后期提出了“植物造景”这一概念，植物造景就是运用各种园林植物材料，在遵循植物生态习性的基础上，将其进行合理搭配，科学栽植，展现植物根、茎、叶、花等的形态美和群体美。植物是园林中唯一有生命的元素，其在一年之中、一天之中都会发生形状、色彩、质感的变化，所以在植物造景中要充分考虑植物色相、季相的变化；植物在场地中的时序变化是植物造景的一大特色。

设计师在城市广场植物造景的过程中，要更多地考虑人的行为心理、审美需求对植物景观设计的影响，植物一方面可以作为建造材料组织广场上的空间，另一方面，其不同的生态习性也展现了不同城市广场独特的地域性。

三、空间与空间感

空间是指人能感觉到的与周围物体产生的联系，各个方向全部围合可以产生明显的空间感，某几个方向（如顶面、侧面等）或单个方向的围合也可以产生空间感，所以空间既可以是完全封闭或完全开敞的，也可以是半开敞半封闭的。广场中的空间主要指在人的活动范围内，由植物、地形、道路、小品等景观元素组织形成的不同区域。广场因其视线开阔，空间的创造往往被忽视，实际上广场上空间的创造很重要，可以有效引发各类公共活动的发生，这些空间既可以是实在存在的物体围合而成的，也可以是暗示的空间，如从硬质铺装到草坪的变化，暗示了活动性质发生改变。园林植物根据不同的配置方式，可以为观赏者创造出不同感受的空间。

第三节　景观空间的秩序

孤立于环境的公共艺术无法为城市创造场所精神。本节指出将公共艺术与景观割裂、以公共艺术为主导的思维和实践具有局限性，根据整体意识提出了公共艺术景观的概念。后引出“秩序”，论证建构合理秩序是整合公共艺术景观的方法和需要。在空间维度中，创作者需预见公共艺术景观在城市空间序列中的角色，再从内部的位置关系和形态关系建构秩序；在时间维度中，从自然节律、成长衰变、时代文化三个尺度保持公共艺术景观体验的连贯和活力。笔者的讨论旨在打破脱离整体景观仅谈公共艺术的局面，鼓励学科交叉，为公共艺术和城市景观创作提供新的思路。

城市里常常有很多孤立存在的公共艺术，人们只把它们当作城市的附属品，默认和接受着平淡、平庸、散乱、残缺的公共艺术景观。似乎中国城市急于用公共艺术来填补城市文化的缺失，将公共艺术等同于公共空间的艺术品，这使公共艺术与环境缺乏联系，公共艺术的职能和作用被弱化，城市精神难以被唤起。

公共艺术应如何与环境相融，被公众认同，共同沉淀与生长为城市印象的一部分？笔者认为这需要改变过去将景观与公共艺术割裂的做法，建立新的认知、观念和设计方法。本节从公共艺术与环境疏离的问题出发，提出了公共艺术景观的概念，对公共艺术景观需要秩序建构这一基本观点，参照一些成熟的公共艺术景观进行了探讨。

一、公共艺术景观的秩序

（一）公共艺术景观

美国的公共艺术协会 (Association for Public Art) 在对公共艺术的定义中写道：“公共艺术不仅仅是一种艺术‘形式’。公共艺术的特殊性在于它如何而建、建于何处及有何含义。公共艺术能表达社会价值，提升环境质量，改变景观风貌，强化公众意识。”显然，公共艺术不是普遍适应的艺术，它不能离开特定地域、时代和环境。电影艺术中两个蒙太奇镜头的对列“不是加入，而是乘积”，公共艺术与公共环境也并非简单的叠加，而是共同形成新的具有某种意味的场所，是一种新的形象和概念。

具有固定形态的公共艺术置于公共空间，使公共空间的景观发生质变而非量变，生成了公共艺术景观。公共艺术景观的特性与功能来源于其公共艺术和其他环境元素的内容及彼此间的相互作用，而非公共艺术自身。公共艺术景观是景观的一种特殊类型，除了存在公共艺术的介入，在社会意识和艺术价值上有更高的要求，它与普遍意义上的景观一样，“强调多样、统一与有机联系的整体性、连续性，是不断动态调整与演替的系统”。公共艺术景观对公共艺术有控制作用，公共艺术对公共艺术景观有依赖性；离开了公共艺术的公共艺术景观不复存在，脱离了景观的公共艺术也不能称为公共艺术——正如系统论的观点，部分与整体是统一、相互促进的。公共艺术的组织化、有序化程度越高，公共艺术景观的整体感就越强，越能孕育场所精神。

对公共艺术景观的肢解和细化有一定的局限性，我们更应当注意将其看作一个整体，展开公共艺术和景观学科的对话。创作者显然需要意识到，一方面，公众基于公共艺术景观整体获取信息，体验情感和思考意义；另一方面，公共艺术景观的创作不应再专注于创造具体艺术品，“而是以系统的观念，强化要素的复杂多样与彼此关联，同时，提倡开放式的设计手法以及一定程度的景观留白”，寻求整体有机的发展。

（二）秩序解析

秩序，是指事物或系统要素之间的规律性联系，以及它们在时间、空间中存在、运动、变化、发展的有序性。任何一个整体都具有一种客观存在的秩序，秩序是一种让部分与整体凝聚的制约力。

英国艺术史家贡布里希强调秩序感是人类的生存本能，人们观看任何一件物体时总是对其秩序进行自发探索，秩序感提供了一个预测的框架，人对环境的认知来自这个框架与现实世界的匹配、适应或碰撞。公众对公共艺术景观的整体感知建立于秩序的获得，整体体验来源于时间和空间上的心物同构。秩序无疑为我们提供了一种思路——建构一定的秩序，让公共艺术与景观二者从疏离走向耦合，使公共艺术景观获取整体性。从某种角度来说，艺术家或设计师的创作过程，就是选择、发现、创造、纯化公共艺术景观的秩序的过程。

（三）公共艺术景观的秩序：介于乏味和杂乱之间

信息论的观点指出，预期到的信息就是多余的信息，与预期相反或没预期到的才会引起有机体的注意。虽然秩序给人以满足感，但绝对的秩序是呆板、平淡的，完全的无序导致混乱。公共艺术景观中的物质信息常存在干扰和竞争，容易使公共艺术景观处于有序与无序、僵死与混乱的集合中。好的公共艺术景观恰恰信息适度，秩序适宜，介于乏味和杂乱之间。我国公共艺术景观按照秩序的状态可以分为以下几种类型：

过于有序：整体景观过于强调有序而缺乏调和，导致呆板僵死。有时公共艺术主体孤立，像放在公共场所的架上艺术，公共艺术信息与环境信息无关联；有时公共艺术信息被环境信息掩盖，使得公共艺术缺乏存在感，沦为平庸。

过于无序:公共艺术和环境信息同样喧嚣,公众注意和审美的负担加重,引发混乱感，公共艺术景观陷入无序和混乱。

有序与无序调和：公共艺术与环境信息相互补充，适度地传达公共艺术景观信息，秩序合宜，同时保持活泼与细节感，引发公众更多的互动和思考，创造城市记忆。

公共艺术景观从无序走向有序，意味着公共艺术景观既能顺应公众的预测（潜在的秩序感），又不会成为城市景观中的冗余，也非造就混乱嘈杂。如何维持平衡是亟待思考的问题，我们需要在“秩序和变化之间保持一种适度的关系，将多样变化的丰富性纳入有条理的组织中”，为公共艺术景观建立“介于乏味和杂乱之间”的秩序。人在空间的转换和时间的流动中体验景观，为尊重公共艺术景观的整体性，公共艺术景观的秩序需要在空间维度和时间维度上建构。

二、空间维度下的秩序构建

景观空间维度的内容有它本身的结构、元素组成和联系方式。公共艺术景观的空间概念取决于它的空间实存带给人的空间体验，空间体验从来不独立于某个空间单元内，这意味着公共艺术景观空间维度的秩序建构需要从空间的外部到内部，从空间序列层次到公共艺术景观空间层次。

（一）空间序列层次的秩序建构

人在城市空间中进行一连串体验，在一个接一个的空间中获得认识、记忆和预期，这些认识、记忆和预期相互交织，构成了城市意象。城市空间单元互相以紧密的逻辑联结而具有秩序，有序的空间序列为人们提供有序的视觉活动，方便人们感知和理解。公共艺术景观空间总是附着于某个空间序列中，空间序列中的每个空间单元都可能与它发生碰撞，这种影响是双向的，当公共艺术置入空间，就必定要寻求与原生空间序列秩序的和解。有时候公共艺术景观空间顺应原生秩序，有时候公共艺术景观空间改造原生秩序。无论是顺应还是改造，设计师有必要预见新生的空间序列秩序，依照隐藏的秩序线设想它在空间序列中的空间角色，“在特定的环境条件下进行一种自觉的、有目的的、符合场所性格的表达”。定义角色的前提是尊重空间序列整体的秩序。有序与无序交织，连续和差异穿插，空间的情节编排、形态组合、属性和性格上一方面逻辑连贯，一方面流露变化。

（二）公共艺术景观空间层次的秩序建构

当进入某个公共艺术景观空间时，人们对秩序的寻求就开始无意识地进行。例如，通过脚步和感官打量空间；通过空间知觉抓取物体距离、形状、大小、方位等空间特性；利用视知觉接收和辨识环境的视觉图像——空间知觉根据物体的位置关系读取秩序，视知觉从视觉图像上点、线、面、色的形态关系中读取秩序。对于大多数公共艺术景观空间，秩序建构追根溯源是公共艺术景观内部的位置关系和形态关系。

1. 位置关系

公共艺术景观创作设计首先要为公共艺术寻求合理显著的位置安置，公共艺术与场地中的其他实体之间位置关系的条理性和逻辑性是空间秩序的凭据。在有序的位置关系里，公共艺术按照明确的规律安放，清晰地占据显著的位置，轴向、对称、均衡和韵律也都有迹可循。反之，无序的位置关系令人迷惑。

常见的秩序布局手法有向心、轴线、对位和重复。将公共艺术放置在空间向心汇聚的点，显性或是隐形轴线上，既能达到布局的均衡稳定，也能够符合人们的心理预期。在公共艺术并非单体的情况下，对称、阵列和节奏韵律的组合能创造秩序。在另一些情况中，尽管公共艺术景观偏离严格秩序的位置关系，然而同样暗示着公共艺术与环境的一体：潜在的整齐感、规则感和重复感保证了空间布局的稳定和理性；潜在的独立感、不规则感和随机感让公共艺术景观空间更具张力和神秘。这种似是而非、灵活经营的公共艺术景观在有序中无序，是一种更具活力的发展方向。例如，明尼苏达州圣保罗 CHS 运动场西入口的“曲流”（Meander），柱子并不全部排列于带状的种植槽中，而是从种植槽内流动到了硬质铺装上，恰是这个公共艺术景观中位置关系的一点跳脱，与整体秩序撞击，激发了人停留和触碰的欲望，让这里成为理想的交流场所。

2. 形态关系

视觉二维化了公共艺术景观，空间中实体的形状、颜色和材质都是视觉材料，它们搭建的图像能引起人的形式反应。一些超级平面美术的兴起或许可以发散公共艺术景观设计者的设计思维，平面图像构图秩序也可以作为公共艺术景观视觉界面秩序建构的参考。

在公共艺术景观内，艺术品与微观环境的形态关系需要一定的差异控制和联系建立。首先，有序的公共艺术景观视觉界面要具有清晰的图底。公共艺术作为“图”，因形态与背景的差异而易于识别，简单背景为公共艺术提供了一个干净的画布，让公共艺术形态自由的同时，保留了整体景观的美感。如英国诺森比亚大学美术馆门前的“柱形人”（Pillar Man）雕塑后面正是刻意地安置了一面白墙，从而凸显了雕塑，获取了整体景观的画面感。

其次，公共艺术景观需要整体与局部、局部与局部之间具有相似性和依存性。这种相似性和依存性可能是形式、色彩、材质上的，也可能是内容意向上的。例如，位于巴黎国家档案馆由雕塑家安东尼·葛姆雷（Antony Gormley）设计的公共艺术“云链”（Cloud Chain），该作品骨架的材质与建筑相呼应，它镂空的形态和水面、墙体之间的映射关系加强了公共艺术景观的整体秩序性。

三、时间维度的秩序建构

公共艺术景观空间也并非静止不变的物质实体，而是一个充满生机、随着时间流逝而自然流动的过程。人在公共艺术景观中经历着注意、流连、回忆与重访的不同情景，保持这种体验的连贯和活力就是时间维度下秩序建构的宗旨。

（一）自然节律

自然赋予了大地原生的秩序，光影、天气、潮汐也在以一定规律变幻着。人会在不同时段重访场地，公共艺术景观也会在自然的新陈代谢中不断被验证。在特定的季节、时间和气候下，场所被赋予特有的气氛，给人以沉浸感，而这种周而复始的过程也能成为一种公共艺术景观的叙事语言。在顺应自然节律的同时，借助这种叙事语言，不仅可以获得与公众更为浓烈的共情，还能使公共艺术景观随时间呈现出动态变化，以一种更鲜活的方式被人们解读。例如，英国雕塑家杰森·德卡莱斯·泰勒（Jason de Caires Taylor）的公共艺术作品《涨潮》（*The Rising Tide*），该作品位于泰晤士河南岸。在某一天的潮涨潮落中，雕塑从显露到被淹没，骑者在潮涨中无力逃脱的景观为泰晤士河渲染出不可言喻的末日氛围。在这个公共艺术景观中，雕塑与河水紧密相连，艺术家利用潮水涨落的自然规律隐喻了气候危机带来的威胁。

（二）成长衰变

时间会在景物上刻下痕迹，材料的磨损标记了时间的流逝，使公共艺术景观具有了时间的纵深感。公共艺术景观中的公共艺术理应和其他环境元素同步成长，但有时我们会看到它们出现时间语言不对等的情况，比如公共艺术过于鲜亮或是提前损耗，会使得景观仿佛出现了“代沟”。场地中的时间语言混乱，会导致使用者对时间维度感知混乱。设计师需保持公共艺术景观时间语言的有序统一，调控它持续沉淀的过程。例如，1968 年安置于英国纽卡斯尔市民中心墙上的泰因河神（River God Tyne），该雕塑在最初建造时会出水，水沿雕塑和墙体流到下方的池里。后来，随时间的推移，黑色的雕塑逐渐变成绿色和棕色，墙面也被染成了棕黄色，时间留下了确凿的证据，墙面与雕塑的步调统一让它更具神性和威严。

（三）时代文化

公共艺术景观在大的时间范畴中的秩序体现为时代文化。公共艺术景观可以传达场所的过往，唤起时代记忆；表征它自身的时代文化，以一定手法将历史与现实和解，形成一个开放的艺术形态，面向未来。好的公共艺术景观解构、重组历史，物化时代文化的情感精神，而无须造作于形式。

公共艺术与公共空间需要一对一的匹配和凝聚，而非敷衍搪塞。城市需要抛开单独讨论公共艺术的刻板思维，转向一种以整体意识消解景观和公共艺术学科的界限，倡导新的认识：景观中因公共艺术的介入生发了一种特殊的景观类型——公共艺术景观。秩序作为事物的规律性联系，在空间和时间维度上建构适度的秩序能整合公共艺术景观，加强公众的感知理解，同时不悖于公共艺术景观的个性张扬。

必须强调的是，为公共艺术景观建构秩序不是将其限制于某一个范式中，而是在追溯和思考公共艺术景观的生成过程中寻找一个方法，将公共艺术景观看作整体来考虑，审慎质询它各个组成部分间的关系，以考察公共艺术景观在空间和时间上的整体性和连续性。在本节中，笔者希望解放公共艺术和城市景观的创作，期待未来的城市有更多开放多元的公共艺术景观培育城市文化和公共精神，增添城市魅力。

第三章　现代景观设计的要素

第一节　铺装设计

铺装设计是景观设计中的主要设计元素和重要组成部分。随着时代的发展，铺装设计愈来愈受到设计师们的追捧，其设计表现形式也变得更加异彩纷呈，展现出其独特的艺术特性与魅力。本节主要就铺装设计的艺术特性进行探究。

一、铺装概述

随着国家深入推动美丽中国建设与生态文明建设，海绵城市、特色小镇、美丽乡村等公共空间规划与设计项目大量涌现，园林设计行业迎来了新的历史契机与新的挑战。铺装设计作为园林设计要素之一，在景观设计中扮演着重要角色。近年来，铺装设计越来越受到设计师们的关注。

景观铺装是指在室外环境空间中的各种休闲游憩场地、园路等地面的铺装，旨在提升场所的美观度、舒适度和安全性。在我国古代铺装设计中，有一种类型的铺装比较具有典型性，即花街铺地。

花街铺地主要是用瓦片、碎石、卵石、瓷片等材料，组合成各种图案精美、具有色彩丰富地纹的路面。其因具有精美的视觉效果，深厚的文化底蕴和独特的意境含蕴而广受民众推崇，它也是最具我国传统文化特色的铺装设计艺术形式之一。

二、铺装设计的艺术特性

铺装设计同园林历史一样，经历了漫长的历史发展阶段。到了近现代，由于受到世界艺术与设计思潮的影响，铺装设计开始从传统意义的铺装纹样向简洁明快、具有设计构成感的方向发展。同时，铺装材料在保留了传统的瓦片、碎石、卵石、青砖、瓷片等材料的同时，增加了透水混凝土、透水砖、透水沥青、PC 砖、玻璃、耐候钢等，使得铺装设计在表现形式上更具有深度与广度。

（一）材料的艺术特性

不同的场所因其功能和用途不同选择的材料也不同。景观铺装的面层材料首先从功能上必须满足防滑与承受一定荷载力，其次需要满足美观性。景观铺装材料根据其特性分为天然材料与人工材料，天然材料取材于自然界，而人工材料则通过对原始材料进行人工再加工形成。

天然材料包括石材、木材、卵石、砾石。此处将着重探讨其中两种天然材料：

石材在景观铺装设计中应用范围极广。一方面是由于石材具有耐磨损、强度较高等自然特性；另一方面是由于石材在经过表面的处理之后，会形成丰富的表面肌理效果，如荔枝面、菠萝面、斧凿面、火烧面、光面、拉丝面、自然面、机切面等，使得铺装尽显材料的艺术特质与自然肌理形态。

木材的运用在景观铺地设计中占有较大比重，比如用在木质栈道、亲水平台、休憩木质平台等景观节点处。

人工材料主要包括砖、瓦、PC砖、混凝土、沥青、塑胶、金属、玻璃等。

我国富有传统文化意境的场地中常用砖、瓦、瓷片等材料，通过材料的质地，展示其历史文化感等独特韵味。比如扬州古典园林瘦西湖的花街铺地、南京夫子庙和老门东商业街区不同面层的组合铺装形式、景德镇民俗博物馆的瓷片铺装设计形式等，均反映了当地的文化特色与深厚的历史。

PC砖是一种新型材料，“PC”是其英文表达的缩写形式，汉语翻译为“预制装配式混凝土结构”。PC砖被广泛应用于广场铺装、道路铺装、路缘石等处。PC砖具有仿石材效果，尽管生产批次会不同，但是色差是可控的，不会出现严重色差。与其他石材相比，PC砖的造价成本较低，具有很强的耐磨性，在尺寸与样式方面也有很大的选择余地，可以实现设计师们的铺装艺术构思。同时，PC砖容易切割，可以根据需要被切割成任意尺寸，因此，受到很多开发商与设计师的青睐。

（二）平面装饰性

由于景观铺装具有二维平面特性，因此，其设计应遵循平面构成基本法则。

1. 对称与均衡

在美学方面，对称与均衡是构图的基础，其主要作用是使画面具有稳定性。稳定感是人类在长期观察自然的过程中形成的一种视觉习惯和审美观念，均衡与对称不是平均，它是一种合乎逻辑的比例关系。平均虽是稳定的，但缺少变化，就会缺乏美感，因此，铺装设计构图最忌讳的就是平均分配画面。对称的稳定感强，能使画面具有庄严、和谐、肃穆的美感。如亭台楼阁就是对称的典范；北京四合院的空间布局也运用了轴线对称的手法，但对称与均衡比较而言，均衡的变化比对称要大得多。

2. 节奏与韵律

节奏是规律性的重复，节奏往往呈现出一种秩序美。韵律更多地是呈现出一种灵活的流动美，其赋予重复的图形以抑扬顿挫的规律变化，产生优美的律动感。节奏与韵律相互依存，韵律在节奏的基础上丰富，节奏在韵律的基础上得以发展。景观铺装设计主要是通过铺装材料的形状、色彩、尺度体现其节奏与韵律，比如在形状上，可以通过几何图形（三角形、方形、圆形等）进行重复性设计。在施工过程中，通过对铺装图案的合理放线，使几何图形产生秩序美与韵律感。

3. 对比与调和

对比与调和是色彩运用中一个非常普遍而重要的原则。在景观铺装设计中，该原则主要是通过色彩的对比与调和（如芝麻黑花岗岩与芝麻白花岗岩，石材光面与自然面的质地）、形状的对比与调和（比如大小方形铺地）加以体现的。

4. 统一性

统一性就是将所有元素进行有机组合，形成一个和谐整体。景观铺装设计在统一性原则上表现显著。景观设计要素主要分为景观植物、景观建筑、景观铺装以及景观水系等，而铺装设计则是将景观设计所有要素进行统一的最好方式。因此，景观铺装在形式上需要从整体上考虑，形成图与底的关系，才能够较好地衬托主体景观。

（三）风格化

景观设计受到建筑主义流派以及艺术流派的影响，不再拘泥于传统的形式与风格，而开始提倡设计平面与空间组织的多变、形式的简洁、线条的明快与流畅以及设计手法的丰富性，现代设计呈现出前所未有的个性化与多元化特征。基于景观风格的多元化特征，铺装设计为了达到整体性，在风格上也体现出多元化特征，通过形状、色彩、尺度、材料质感等方面进行风格化的表现。

需要注意的是，在景观铺装设计当中，很多设计工作者往往只注重铺装的功能层面，而忽略艺术层面，致使铺装设计拘泥于传统形式，在表达形式上显得陈旧呆板，使得整体景观效果缺少灵动感以及画面感。因此，景观铺装设计在注重铺地耐磨性、防滑性、生态性等方面的同时，也需要考虑材料特性、景观风格性、统一性、平面装饰性等艺术特性，只有这样才能保持景观设计的完整性及可持续性发展。

第二节　水景设计

水景是园林景观的重要组成部分，同时也是园林中最具魅力的元素，正所谓“园以水活”，水景的存在为园林注入了活力。水的流动性与山石的静止性构成一幅动静结合的自然景观。因此，在园林规划中设计水景具有十分重要的意义。

一、园林水景设计概述

无论是什么风格的园林，都离不开水景设计，水在园林中的作用无法被取代。水是园林设计中不可或缺的符号和元素，纵观国内知名园林，如苏州园林、北京园林等，这些园林都存在一个显著的特点，即充分发挥水的作用，将水景的作用彰显得淋漓尽致。目前，有部分园林设计师将水景比作一棵承载着中国传统文化和水艺术特色的参天大树，这足以证明水景在园林中的地位。

水景在我国园林设计中具有非常高的地位，古语有云：有山皆是园，无水不成景。正所谓点睛成龙，水景就是点睛之笔。只有包含水景的园林才是一个完整的园林。虽然水资源日益枯竭，但人们对于水景的需求却在增加，如何利用有限的水资源设计出满足人们审美需求的水景，是设计师们需要解决的难题。

二、园林水景存在的状态及形式

（一）园林水景的状态

在园林景观设计中，水体的平面状态可分为几何规整形和不规整形。国外现代城市环境设计中一般采用几何规整形多一些，水面一般都不大，多采用人工开凿。由于我国园林讲究自然，因此理水也多采用自然的、不规则的状态。

（二）园林水景工程的形式

水景工程是城市园林中与理水有关的工程的总称，主要形式有人工湖、水池、瀑布、叠泉、喷泉、溪流等。这些水景形式在应用过程中，由于采取不同水的形态，营建方式、尺度、规模与配景环境不同，从而衍生出更多的景观形式。

三、园林水景设计原则

（一）宜“亲”不宜“离”原则

园林水景应当充分尊重人们亲水的权利，给人以享受的空间。在小环境中缩短人与水距离的一个方法就是设置亲水平台和亲水步道，在较为安全的情况下，可以让人融入水景中。亲水平台是人最能亲密地接触水的场所，可以满足人们赏水、嬉水的双重需要。亲水步道一般是指紧贴水岸的走道或是由多级沿河岸的台阶组成的，有些台阶淹没于水面以下，有些则高出水面，这样就可以使人们的亲水活动不受水面高度变化的影响，更好地融入景观之中。

（二）宜“小”不宜“大”原则

此处所谓宜“小”不宜“大”，原则上指的是在设计水体时，多考虑小的水体，而不是那种漫无边际、毫无趣味可言的大水体。大水体往往会让人产生敬而远之的感觉。而小水体容易营建，更重要的是小水体更易于满足人们亲水的需求，能调动人们参与的积极性，而且在后期养护管理中，小水体便于养护，即使在水体发生污染的情况下，小水体也易于治理。

（三）宜“曲”不宜“直”原则

所谓宜“曲”不宜“直”原则指的是水体最好设计成曲的。古典园林营建中很重要的一条是“师法自然”，即在设计中要遵循大自然的规律，大自然中的河流、小溪大都是蜿蜒曲折的。这样仿自然的水景易于形成变幻的效果，适合设置在居住区中。

（四）宜“安”不宜“险”原则

人身安全是人的最基本权利，水景设计得不合理会导致一些恶性事件的发生，园林水景设计的安全性应考虑适当的水深、水岸坡、临水防护设施等。考虑到景观效果以及水体的自净能力，水景的水一般不能太深，整个水底设计应为缓坡形，尽量将不安全因素降至最低，最大限度地保障市民、游客的人身安全。

（五）宜“下”不宜“上”原则

此处的“下”与“上”是一种相对的关系，宜“下”不宜“上”指的是设计的水景尽可能与自然中的万有引力相符合，不要设计太多的大喷泉，因为它们大多是向上喷的，是需要能量来抵消重力影响的，是需要耗费大量的人力、物力、财力的，按照现在生态园林的理念是不可取得，因此，最好能充分利用重力的作用，用尽可能少的能量形成尽可能美的景观。这很考验设计师们的创新能力。

（六）宜“虚”不宜“实”原则

在水资源缺乏的地区，设置虚的水景也是一个很好的解决办法。虚的水景是相对于实际水体而言的，它是一种意向性的水景，是用具有地域特征的造园要素，如石块、沙粒、野草等仿照大自然中自然水体的形状而成的。这样的水景对于严重缺水地区的水景营建具有特殊的意义，同时能带给人更多的思考和更多的体验。

（七）宜“净”不宜“浊”原则

水景的水体多为封闭水域，一般具有水域面积小、易污染、水环境容量小、水体自净能力低等特点，如果管理不好，很容易导致水体不同程度的污染，严重时会引起水体富营养化，致使水中藻类大量繁殖，水体变黑变臭，严重影响周围的环境。虽然净化景观水体的手段很多，但治理水体仍是一个十分复杂的系统，而绝不是单一方法能解决的。很多水景观为了获得清水效果，大多采用换水的方法，比如直接放自来水，但这会造成水资源的大量浪费。因此，设计师在设计水景时要考虑到水体净化的问题。

四、园林水景设计方法

（一）水景的造型和形式设计

水景设计需要将园林整体氛围作为依据，尊重园林的整体性，在保持园林整体性的基础上，设计各种造型的水景。只有这样，才能发挥出水景的点睛作用。首先，在设计水景前，需要考虑环境氛围和水景形式，并制订不同的方案，然后利用科学技术，呈现设计效果图，再根据设计效果图选择优秀的水景设计方案。一个优秀的水景设计方案必须具备以下四种形态的变化形式：一是静水形态，二是落水形态，三是喷水形态，四是流水形态。这些形态彼此之间可以互相转化，并能衍生出全新的形态，尤其是喷头技术的发展更是赋予了喷水形态多样化的特点。在满足这些条件后，再专业化设计水景，将会大大提高园林水景的美感和艺术价值。

此外，不同的水景形式适用于不同的场景，如音乐喷泉就比较适用于市中心的园林，究其原因，主要是市中心人流量较大，且地处闹市区，在水景设计中增加现代技术，有利于实现园林与周边建筑的融合，从而营造出一种轻松愉悦的气氛，舒缓人的心情，给人们带来精神上的快感。

在设计水景造型和形式的同时，也要注重水体的动静设计。人们认为水具有刚柔并济、动静结合的特点，这就提高了水的可塑性，为此，设计师在设计园林水景时，可以在满足园林设计要求的基础上，结合水的特点，在园林空间内设置不同形式的水体，如动水、静水，从而赋予园林以动静结合的美感。面积较小的水体可以选择以下三种设计形式：一是小池塘，二是小水潭，三是水亭。颐和园、静心斋的水景就采取了这些水体设计形式。而大型水体设计，则可以在水面上设置一些岛屿，以凸显出水景的空间感和立体感。在园林设计中，动态水景的设计能为园林注入活力，如涓涓流动的小溪、气势磅礴的瀑布、肆意挥洒水花的喷泉，都会冲击人们的审美感官。动水的设计形式有以下三种：一是流水，二是喷水，三是落水。这些形式各有特点，如蜿蜒曲折呈线状的小溪会将人们的目光引向远方；自高处落下的水流则会让人们见识到大自然的神奇；而自下而上的喷水则会放松人们的精神，并能净化周边的环境。

（二）注重水体与建筑的结合

在水面上建设亭阁和拱桥能够提高水景的美感，如苏州园林在水景设计上就十分重视亭阁和拱桥的搭配，为水景点缀了别样的色彩。为确保景观效果，在设计小水面亭阁时，设计师应注意亭阁的高度，使其稍低于相邻水面，以便人们观察水流激起的涟漪。在设计大水面亭阁时，临水高台是建设亭阁的最佳位置，人们可以在亭阁中观赏远处的风景，抒发自身的胸怀。临水建设亭阁具有以下形式：一是一边临水，二是多边临水，三是完全位于水中。设计师们需要结合园林的实际情况，合理设计建亭和选择临水的形式。

（三）山石设计

山石是构成水景的重要元素，也是建立动静结合的组成部分。前文提到过，水可以在动态和静态之间转换，而山石却是静态的，如何将二者融为一体，达成山水之间的平衡状态，对于提高水景设计质量具有十分重要的作用。设计师应根据园林的实际情况，选择巧妙的设计方式，赋予水景以山水结合的特色，如在缺少山石的地方，可以扩大水体的面积，在园林中融入远方的山石。济南大明湖就是园林借山的典型，人们站在湖中就可以看到远处山石的倒影。在大部分园林中，人工山石十分常见，只需在水景周围合理布置这些山石，就会构成一幅山水结合的自然风景。

（四）水景与动植物结合

将水景和动植物完美地结合起来，设计师需要注意以下事项：首先，需要合理搭配植物，并控制水体和植物的间距，如在水体沿岸种植植物，且保证植物与水体间距的可控性。其次，在水面上设计植物时，应控制植物的大小比例，尽量保持植物与水体之间比例的协调。比如，在水面种植荷花时，要尽量扩大植物间距，因为荷花生长较快，会产生大量的倒影，如果不控制其距离，很容易导致大量荷花连接到一起，影响人们的观赏体验。最后，在安排动物时，动物栖息地应设置在水资源丰富的地方，并安放一些对自然环境破坏较小的动物，如各类观赏鱼、鱼鹰、松鼠等，这样就会构成一个完整的水体生态系统，在增加水景灵性的同时，保证园林的生态平衡。

（五）控制水源和水质

现阶段，自来水是水景水的主要来源，自然水和地下水相对较少。而我国作为一个水资源匮乏的国家，大多数城市用水都非常紧张，尤其是一些西北内陆城市，更是陷入了无水可用的紧张局面，如何在缺水的情况下，保持水景的水质，已经成为制约水景设计发展的难题。但业内对这个问题的研究已经取得了突破性的进展，部分研究者认为将处理后的中水作为水源，就能有效缓解缺水的难题。水景对水质的要求十分严格，水景中的水必须保持清澈无异味，因为水质关系到水景的美感。因此，内陆的园林水景应每隔半个月换一次水，在换水的同时清理水景。内陆城市多沙尘，如果不及时换水和清理，容易导致水体浑浊，不利于发挥水景的观赏功能。

综上所述，水景景观是园林景观的重要内容。伴随着社会的进步和人们生活水平的提高，人们的审美观念也发生了变化，人们对园林提出了更高的要求。为增添园林的色彩，提高园林的观赏价值，水景设计至关重要。设计师们如果要赋予水景别样的色彩和特定内涵，需在设计时，结合实际情况，采用合理的设计手法和景观表现形式，以充分彰显出水景的魅力。

第三节　植物景观设计

植物是唯一具有生命力特征的园林要素，它能使园林空间体现生命的活力，寓于四时的变化。在本节中，笔者将根据自身经验，阐述与分析园林艺术中的植物景观设计。

一、植物景观设计概述

随着人们生活水平的提高，人们对精神文化方面的要求也越来越高，园林为人们提供了休闲场所，同时也是创建环境友好型社会的组成部分。大量实践表明，根据一定规律与要求设计不同的植物景观，不仅可以满足人们精神上的需求，还可以呈现多种景观效果，对改善现代社会环境具有很大作用。现代的植物景观设计不但要体现视觉艺术效果，还要体现出生态性和文化性。在植物景观设计工作中，设计师应始终坚持愉悦人心的原则，在符合植物生长规律的基础上，美化园林，从而体现社会、生态环境效益。

二、植物景观设计的原则

在植物景观设计中，为了合理搭配各种植物，设计师需要了解植物的生态习性，充分发挥其在园林中的功能与观赏性，同时，在设计过程中始终坚持以人为本的原则，根据当地自然环境，将人文景观、自然元素与园林景观融合起来，体现出当地的特色。

（一）主体性原则

植物景观设计的主体性原则是指要做到利用各景观之间的配合与协调，表现出和谐的自然美感，利用多种景观的变化，在园林艺术中营造出多样化的意境，以达到情景交融的设计效果。需要注意的是，必须确保园林植物景观设计的意境是设计主体这一点。

（二）艺术性原则

在园林植物景观设计过程中，艺术原则是重中之重，如果可以在其中融入一些艺术思想，就可以使园林植物景观设计的功能性、造型与构图更为完善，确保植物景观与周边建筑相融合。

（三）生态性原则

对于设计师而言，园林植物景观设计工作不仅要关注景观美感的体现，同时还要注意发挥景观的生态作用。植物景观设计不仅要考虑植物的生长发育，还要控制好空气的湿度、土壤与周边环境温度等因素，有效掌握好植物的生态习性，使植物景观设计达到良好效果。

三、植物景观设计中存在的问题

园林艺术中，植物景观设计与园林绿化的最终效果直接相关，植物景观设计对地域范围有一定要求，设计手段不仅包括园林艺术，也包含工程技术，设计内容丰富多样。设计师往往在设计工作中因专业知识欠缺或考虑不周会出现一些问题，比如不重视植物空间布局、植物景观设计缺乏独特性、破坏了原有自然与生态系统等。

（一）轻视植物空间布局

在植物景观设计工作中，设计师普遍将关注点放在园林绿化局部的效果与相关硬件设施的搭配上，往往不重视植物本身的特征，将园林绿化理解为栽种适合当地气候、自然环境的树木与花草，很少考虑植物的空间布局与群落结构。还有一些设计师对植物生态学特性、生物学知识知之甚少，在设计中容易出现一些缺陷和问题。为确保景观设计的合理性，设计师不仅要关注植物与整体环境的搭配，更应关注植物与人之间的和谐发展。

（二）植物景观设计缺少独特性

每个城市都有自己的风格，其魅力都是独一无二的，植物景观设计也是城市魅力得以体现的重要途径。但是，很多城市的园林绿化设计缺少当地城市特色，草坪、花坛等千篇一律，而且过多地引进外来物种，缺少对本地树种的开发与种植。与此同时，现阶段很多城市的草坪都是采用人工培植的方式来获取草皮，到了秋天，这些草坪变得一片枯黄，没有了生机。除此之外，在植物景观设计中，物种整体构造缺少新意，单纯是对不同树种的排列种植，缺少观赏价值。

（三）原有自然与生态系统被破坏

我国是世界上的人口大国，城市中人口众多，城市居住面积非常紧缺，绿化用地更少。在这种情况下，为了加大城市绿化面积，设计师会把一些自然的小山丘、鱼塘整平，然后在经过改造后的土地上种植绿色植物，但在园林绿化设计中没有考虑到该地的自然景观与生态因素，导致设计出的作品不能长久。而且当外来物种被引入到一个区域后，它们能存活的几率很小，能起到的绿化效果也很难满足人们的需求。

四、植物景观设计方法

园林植物景观设计必须与当地自然环境、生态环境紧密结合，综合考虑当地的实际情况，大力保护原有植物，避免对当地物种造成威胁。当然，植物景观设计工作并非如此简单，设计者不仅要提升植物景观设计水平，积极创新景观园林设计，同时还要调节全局景观设计的节奏，从而有效解决植物景观设计中存在的问题，设计出适合人们生活的景观环境。

（一）提升植物景观设计针对性

在园林植物景观设计工作中，设计师必须根据一定功能实施调整，秉承着差异化原则对待植物景观设计。不同植物的生长习性不同，带给人们的美感也不同。例如，园林的入口可以利用欲扬先抑的方法设计，或者也可以用开门见山的方法来设计。采用的设计手法不同，体现出的作用也不同，设计师需有效分区，选用差异化的植物配置方式，比如儿童自由活动区，植物景观应设计得丰富一些，体现出一定层次感；如果园林植物景观设计的对象主要是老年人，那么老年活动区需要设计出宁静的环境来，为人们营造一种沁人心脾的氛围；如果是在文化娱乐区，植物景观设计就需要与其附近的建筑群相融合，打造出不同的风格，体现出区域的娱乐性；如果在商业区进行植物景观设计，那么就需要引入挺拔的树木，给人一种壮观、宏伟的感受。

（二）创新景观园林设计

园林景观的设计工作，需要协调动态与感官，从多方面提升景观艺术设计效果。在植物景观设计工作中，设计师应注意合理修剪、设计人工栽培的植物，以达到预期的美感，为人们创造出一种千姿百态的效果。在园林艺术设计过程中，设计师不仅要关注景观外形的多样化，同时还要体现出自身的艺术魅力，凸显出园林的整体美感，注意设计工作要严格按照植物高矮、性质与颜色设计，为入园者创造出全新的感官体验。在园林艺术创新设计方面，需采用多样化的植物种类，体现出不同特点、形态，呈现出一种动态式的发展趋势。与此同时，在实际工作中，设计师还要坚持植物外观的完整性原则，协调好各类植物之间的关系，比如搭配关系、生态环境关系等，使入园者可以感受到不同植物在不同季节的生长与改变，从而避免出现植物搭配不协调的问题。

（三）注意调节全局景观设计的节奏

在园林景观设计中，不同的植物结合在一起可以体现出不同的生态特点，因此需坚持因地制宜的原则，确保植物生态习性与当地的环境特点相协调，并引入全局景观设计的理念，严格筛选植物的数量与种类。例如，根据环境保护原则，设计师可对不同种类植物进行针对性设计，以发挥出这些植物在净化环境方面的作用，同时还可以为人们创造一种美的享受。在工业污染严重的园林或地区，可以运用龙柏进行植物景观设计；如果需要设计儿童园林，则需要选择高度上比较矮的树木或者树丛，同时关注植物的色彩性，运用多元化色彩搭配的方式提升园林艺术设计的活力。

第四节 园林建筑

关于园林景观中的建筑设计问题，本节主要从园林建筑的含义与特点、园林建筑的构图原则和园林建筑的空间处理三个方面进行简要概述。

一、园林建筑的含义与特点

（一）园林与园林建筑

园林是指在一定的地域运用工程技术和艺术手段，通过改造地形（或进一步筑山、叠石、理水）、种植树木花草、营造建筑和布置园路等途径创作而成的自然环境和游憩境域。一般来说，园林的规模有大有小，内容有繁有简，但都包含着四种基本的要素，即土地、水体、植物和建筑。其中，土地和水体是园林的地貌基础，土地包括平地、坡地、山地，水体包括河、湖、溪涧、池、沼、瀑、泉等。天然的山水需要加工、修饰、整理，人工开辟的山水讲究造型，还需要解决许多工程问题。因此，筑山和理水就逐渐发展成为造园的专门技艺。植物栽培最先是以生产和实用为目的，随着园艺科技的发展才有了大量供观赏之用的树木和花卉。现代园林中，植物已成为园林的主角，植物材料在园林中的地位就更加突出了。上述三种要素都是自然要素，具有典型的自然特征。在造园中只有遵循自然规律，才能充分发挥自然要素应有的作用。

园林建筑是指在园林中具有造景功能，同时又能供人游览、观赏、休息的各类建筑物。在中国古代的皇家园林、私家园林和寺观园林中，建筑物占了很大比重，其类别很多，变化丰富，积累着中国建筑的传统艺术及地方风格，匠心巧构，在世界上享有盛名。现代园林中建筑所占的比重大量降低，但面对各类建筑的单体时，我们仍要仔细观察和研究它的功能、艺术效果、位置、比例关系，与四周的环境协调统一等。无论是古代园林还是现代园林，通常都把建筑作为园林景区或景点的“眉目”来对待，建筑在园林中往往起到了画龙点睛的重要作用，所以常常在关键之处置以建筑，作为看景的精华。园林建筑是构成园林诸要素中唯一的经人工提炼，又与人工相结合的产物，能够充分表现人的创造和智慧，体现园林意境，并使景物更为典型。突出的建筑在园林中就是人工创造的具体表现，适宜的建筑不仅使园林增色，更使园林富有诗意。由于园林建筑是由人工创造出来的，因此比起土地、水体、植物，人工的味道更浓，受到自然条件的约束更少。建筑的多少、大小、式样、色彩等处理，对园林风格的影响很大。一个园林的创作，是要幽静、淡雅的山林，还是要艳丽、豪华的趣味，也主要取决于建筑淡妆与浓抹的不同处理。园林建筑是因园林的存在而存在的，没有园林与风景，就根本谈不上园林建筑这一种建筑类型。

（二）园林建筑的功能

一般来说，园林建筑大都具有使用和景观创造两个方面的作用。

就使用方面而言，园林建筑可以是具有特定使用功能的展览馆、影剧院、观赏温室、动物兽舍等；可以是具备一般使用功能的休息类建筑，如亭、榭、厅、轩等；也可以是供交通之用的桥、廊、花架、道路等；此外，还可以是一些特殊的工程设施，如水坝、水闸等。

园林建筑的功能主要表现在它对园林景观创造方面所起的积极作用，这种作用可以概括为以下四个方面：

1. 点景

点景即点缀风景。园林建筑与山水、植物等要素相结合而构成园林中的许多风景画面，有宜于就近观赏的，有适于远眺的。在一般情况下，园林建筑常作为这些风景画面的重点和主景，没有这座建筑也就不能称其为"景"，更谈不上园林的美景了。重要的建筑物往往是园林的一定范围内甚至整座园林的构景中心，例如，北京北海公园中的白塔、颐和园中的佛香阁等都是园林的构景中心，整个园林的风格在一定程度上也取决于建筑的风格。

2. 观景

观景即观赏风景。以一幢建筑物或一组建筑群作为观赏园内景观的场所；它的位置、朝向、封闭或开敞的处理往往取决于得景的佳否，即是否能够使得观赏者在视野范围内摄取到最佳的风景画面。在这种情况下，大到建筑群的组合布局，小到门窗、洞口或由细部所构成的"框景"，都可以被设计者利用起来，用作剪裁风景画面的手段。

3. 范围空间

范围空间即利用建筑物围合成一系列的庭院；或者以建筑为主，辅以山石植物，将园林划分为若干空间层次。

4. 组织游览路线

以园林中的道路结合建筑物的穿插、“对景”和障隔，创造一种步移景异、具有导向性的游动观赏效果。

通常，园林建筑的外观形象与平面布局除了满足和反映特殊的功能性质之外，还要受到园林选景的制约。往往在某些情况下，甚至要先服从园林景观设计的需要。在做具体设计的时候，设计师需要把它们的功能与它们对园林景观应该起的作用恰当地结合起来。

（三）园林建筑的特点

与其他建筑类型相比，园林建筑具有其明显的特征，主要表现为：

第一，园林建筑十分重视总体布局，既要主次分明，轴线明确，又要高低错落，自由穿插；既要满足使用功能的要求，又要满足景观创造的要求。

第二，园林建筑是一种与园林环境及自然景观充分结合的建筑。因此，在基址选择上，要因地制宜，巧于利用自然又融于自然，将建筑空间与自然空间融成和谐的整体，优秀的园林建筑是空间组织和利用的经典之作。“小中见大”“循环往复，以至无穷”是其他造园因素所无法相比的。

第三，强调造型美观是园林建筑的重要特色，在建筑的双重性中，有时园林建筑的美观和艺术性甚至要重于其使用功能。设计师在重视造型美观的同时，还要极力追求意境的表达，要继承传统园林建筑中寓意深邃的意境；要探索、创新现代园林建筑中空间与环境的新意。

第四，小型园林建筑因小巧灵活、富于变化而不受模式的制约，这就为设计者带来更多艺术发挥的余地，可谓无规可循，构园无格。

第五，园林建筑色彩明朗，装饰精巧。在中国古典园林中，建筑有着鲜明的色彩。北方古典园林建筑色彩鲜艳，南方宅第园林则色彩淡雅。现代园林建筑的色彩多以轻快、明朗为主，力求表现园林建筑轻巧、活泼、简洁、明快的风格。在装饰方面，无论是古代还是现代，园林建筑都以精巧的装饰取胜，建筑上善于应用各种门洞、漏窗、花格、隔断、空廊等，构成精巧的装饰，尤其在将山石、植物等引入建筑后，装饰变得更为生动，成为建筑上得景的画面，通过建筑的装饰来增加园林建筑本身的美。

二、园林建筑的构图原则

建筑构图必须服务于建筑的基本目的，即为人们建造美好的生活和居住的使用空间，这种空间是建筑功能与工程技术和艺术技巧结合的产物，需要符合适用、经济、美观的基本原则，在艺术构图方法上也要考虑诸如统一、变化、尺度、比例、均衡、对比等原则。然而，由于园林建筑与其他建筑类型在物质和精神功能方面有许多的不同，因此，它的构图方法就与其他类型的建筑有所差异，有时在某些方面表现得更为突出，这正是园林建筑本身的特征。园林建筑的构图原则概括起来有以下几个方面：

（一）统一

园林建筑中各组成部分，其体形、体量、色彩、线条、风格具有一定程度的相似性或一致性，给人以统一整齐、庄严、肃穆的感觉；与此同时，为了克服呆板、单调之感，应力求在统一之中有变化。

在园林建筑设计中，不用为搞不成多样的变化而担心，即不用惦记组合所需的各种不同要素的数量，园林建筑的各种功能会自发地形成多样化的局面，当要把园林建筑设计得能够满足各种功能要求时，建筑本身的复杂性势必会演变成形式的多样化，甚至一些功能要求很简单的设计，也可能需要一大堆各不相同的结构要素。因此，一个园林建筑设计师的首要任务应该是把那些势在难免的多样化组成引人入胜的统一。园林建筑设计中获得统一的方式有以下四种。

1. 形式统一

颐和园的建筑物都是按当时的《清代营造则例》中规定的法式建造的。木结构、琉璃瓦、油漆彩画等，均表现出传统的民族形式，但各种亭、台、楼、阁的体形、体量、功能等，都有十分丰富的变化，给人的感觉是既多样又有形式的统一感。园林建筑除形式上的统一之外，在总体布局上也要求统一。

2. 材料统一

园林中非生物性的布景材料以及由这些材料形成的各类建筑及小品，也要求统一。例如，同一座园林中的指路牌、灯柱、宣传画廊、座椅、栏杆、花架等，常常具有机能和美学的双重功能，点缀在园内制作的材料也都是统一的。

3. 明确轴线

建筑构图中常运用轴线来安排各组成部分之间的主次关系。轴线可强调位置，主要部分安排在主轴上，从属部分则在轴线的两侧或周围。轴线可使各组成部分形成整体，这时等量的二元体若没有轴线则难以构成统一的整体。

4. 突出主体

同等的体量难以突出主体，只有利用差异作为衬托，才能强调主体，也可以利用体量大小的差异、高低的差异来衬托主体，由三段体的组合可看出利用衬托以突出主体的效果。在空间的组织上，同样也可以用大小空间的差异与衬托来突出主体。以高大的体量突出主体，通常是一种极有成效的手法，尤其在有复杂的局部组成中，只有高大的主体才能统一全局，如颐和园的佛香阁。

（二）对比

建筑构图中常利用一些因素（如色彩、体量、质感）程度上的差异来取得艺术上的表现效果。差异程度显著的表现称为对比。对比能使人们对造型艺术品产生深刻的和强烈的印象，它可以对形象的大小、长短、明暗等起到夸张作用。建筑构图中常用对比来取得不同的空间感、尺度感或某种艺术上的表现效果。

1. 大小对比

一个大的体量在几个较小体量的衬托下会显得更大，小体量则更显小。

因此，建筑构图中常用若干较小的体量来与一个较大的体量进行对比，以突出主体，强调重点。在纪念性建筑中设计师常用这种手法来实现雄伟的效果，如广州烈士陵园南门两侧小门与中央大门形成的对比。

2. 方向的对比

方向的对比同样能得到夸张的效果。在建筑的空间组合和立面处理中，设计师常常用垂直与水平方向的对比来丰富建筑形象。将垂直上的体型与横向展开的体型组合在一座建筑中，以求体量上不同方向的夸张横线条与直线条的对比，使立面划分更丰富。但对比应恰当，不恰当的对比则会表现得不协调。

3. 虚实的对比

建筑形象中的虚实，常常是指实墙与空洞（门、窗、空廊）的对比。在纪念性建筑中设计师常用虚实对比营造严肃的气氛。有些建筑因功能要求而形成大片实墙，但艺术效果上又不需要强调实墙面的特点，这时就会加上空廊或做质地处理，用虚实对比的方法打破实墙的沉重与闭塞感。另外，实墙面上的光影也能造成虚实对比的效果。

4. 明暗的对比

建筑的布局可以通过空间疏密、开朗与闭锁的有序变化，形成空间在光影、明暗方面的对比，使空间明中有暗，暗中有明，引人入胜。

5. 色彩的对比

色彩的对比主要是指色相对比，色相对比是指两个相对的补色为对比色，如红与绿、黄与紫等；也指色度对比，即颜色深浅程度的对比。在建筑中色彩的对比，不一定要找对比色，只要色彩差异明显的就能产生对比的效果。中国古典建筑的色彩对比极为强烈，如红柱与绿栏杆的对比，黄屋顶与红墙、白台基的对比等。此外，不同的材料质感的应用也能构成良好的对比效果。

（三）均衡

在视觉艺术中，任何现实对象都存在均衡这一特性，均衡中心两边的视觉趣味中心，分量是相当的。由均衡所造成的审美方面的满足，似乎和眼睛“浏览”整个物体时的动作特点有关。假如眼睛从一边向另一边看去，觉得左右两半的吸引力是一样的，这时人的注意力就会像摆钟一样来回游荡，最后停在两极中间的一点上。如果把这个均衡中心有力地加以标定，以致使眼睛能满意地在上面停息下来，这就会在观者的心目中产生一种健康而平静的瞬间。

由此可见，具有良好均衡性的艺术品，必须在均衡中心予以某种强调，或者说，只有容易察觉的均衡才能令人满足。建筑构图应当遵循这一自然法则。建筑物的均衡，关键在于有明确的均衡中心（或中轴线），如何确定均衡中心，并加以适当的强调，这是构图的关键。均衡有以下两种类型：

1. 对称均衡

在这类均衡中，建筑物对称轴线的两旁是完全一样的，只要把均衡中心以某种巧妙的手法来加以强调，便能立刻给人一种安定的均衡感。

2. 不对称均衡

与对称均衡相比，不对称均衡的构图更需要强调均衡中心，要在均衡中心加上一个有力的“强音”。另外，也可利用杠杆的平衡原理，一个远离均衡中心、意义上较为次要的小物体，可以用靠近均衡中心、意义上较为重要的大物体来加以平衡。均衡不仅表现在立面上，在平面布局和形体组合上也都应加以注意。

（四）韵律

在视觉艺术中，韵律是任何物体的诸元素成系统重复的一种属性，而这些元素之间具有可以认识的关系。在建筑构图中，这种重复当然一定是由建筑设计所引起的视觉可见元素的重复，如光线和阴影，不同的色彩、支柱、开洞及室内容积等。一个建筑物的大部分效果，就是依靠这些韵律关系的协调性、简洁性以及威力感来取得的。园林中的走廊因柱子有规律地重复而形成强烈的韵律感。建筑构图中韵律的类型大致有三种。

1. 连续韵律

连续韵律是指在建筑构图中因一种或几种组成部分的连续重复排列而产生的一种韵律。连续韵律可作多种组合：

（1）距离相等、形式相同，如柱列；或距离相等、形状不同，如园林展窗。

（2）不同形式交替出现的韵律，如立面上窗、柱、花饰等的交替出现。

（3）由上、下层不同的变化而形成韵律，并有互相对比与衬托的效果。

2. 渐变韵律

在建筑构图中，渐变韵律是指连续出现的要素，在某一方面做有规律的递增，或做有规律的递减，如中国塔是典型的向上递减的渐变韵律。

3. 交错韵律

在建筑构图中，交错韵律是指各组成部分有规律地纵横穿插或交错产生的韵律。由于其变化规律是按纵横两个方向或多个方向发展的，因而是一种较复杂的韵律，花格图案上常出现这种韵律。

韵律可以是不确定的、开放式的，也可以是确定的、封闭式的。只把类似的单元作等距离的重复，没有一定的开头和一定的结尾，这叫作开放式韵律。在建筑构图中，开放式韵律的效果是动荡不定的，含有某种不限定和骚动的感觉。通常在圆形或椭圆形建筑构图中应用连续而有规律的韵律是十分恰当的。

（五）比例

比例是各个组成部分在尺度上的相互关系及其与整体的关系。建筑物的比例包含两方面的意义：一方面是指整体上（或局部构件）的长、宽、高之间的关系；另一方面是指建筑物整体与局部（或局部与局部）之间的大小关系。园林建筑的推敲比例与其他类型建筑的有所不同，一般类型建筑只需推敲房屋内部空间和外部体形从整体到局部的比例关系，而园林建筑除了房屋本身的比例外，园林环境中的水、树、石等各种景物，因需人工处理，也存在推敲其形状、比例问题。不仅如此，为了整体环境的协调，园林建筑还需要重点推敲房屋和水、树、石等景物之间的比例协调关系。

影响建筑比例的因素有：

1. 建筑材料

古埃及用条石建造宫殿，跨度受石材的限制，所以廊柱的间距很小；之后用砖结构建造拱券形式的房屋，室内空间很小而墙很厚；在用木结构的长远年代中，屋顶的变化才逐渐丰富起来；近代混凝土的崛起一扫过去的许多局限性，突破了几千年的老框架，园林建筑也因此变得丰富多彩，造型上的比例关系也得到了解放。

2. 建筑的功能与目的

为了表现雄伟的特点，建造宫殿、寺庙、教堂、纪念堂等都常常采取大的比例，某些部分可能超出人的生活尺度要求。这种效果后来又被利用到公共建筑、政治性建筑、娱乐性建筑和商业性建筑中去，以达到各种不同的目的。

3. 建筑艺术传统和风俗习惯

中国廊柱的排列具有不同的比例关系。江南古典园林的建筑造型式样轻盈、清秀，这与木构架用材纤细有关，如细长的柱子、轻薄的屋顶、高翘的屋角、纤细的门窗栏杆细部纹样等在处理上采用一种较小的比例关系。同样，粗大的木构架，如较粗壮的柱子、厚重的屋顶、低缓的翘角和较粗实的门窗栏杆细部纹样等采用了较大的比例，因而构成了北方皇家园林浑厚端庄的造型式样。

现代园林建筑在材料结构上已经有很大发展，以钢、钢筋混凝土、砖石结构为骨架的建筑物的可塑性很大，因此，设计者们不必去抄袭或模仿古代的建筑比例和式样，而应有新的创造。如果在建筑设计中能适当添加一些民族传统的建筑比例韵味，或营造神似的效果，亦将会别开生面。

4. 周围环境

园林建筑环境中的水、树姿、石态优美与否与它们本身的造型比例，以及它们与建筑物的组合关系紧密相关，同时它们也受人们主观审美要求的影响。水本无形，形成于周界，或溪或池，或涌泉或飞瀑，因势而别；树木有形，树种繁多，或高直或低平，或粗壮对称，或袅娜斜探，姿态万千;山石亦然，或峰或峦，或峭壁或石矶，形态各异。这些景物本属天然，但在人工园林建筑环境中，在形态上究竟采取何种比例为宜，则取决于与建筑在配合上的需要；而自然风景区的情形正相反，它是以建筑物配合山水、树石为前提。在强调端庄气氛的厅堂建筑前，宜取方整规则比例的水池组成水院；强调轻松活泼气氛的庭院，则宜曲折随意地组织池岸，亦可仿曲溪沟泉沼，但需与建筑物在高低、大小、位置上配合协调。树石设置，或孤植、群植，或散布、堆叠，其造型比例都应根据建筑画面构图的需要认真推敲。

（六）尺度

与比例密切相关的另一个建筑特性是尺度。在建筑学中，尺度这一特性能使建筑物呈现出恰当的或预期的某种尺寸，这是一个独特的、似乎是建筑物本能上所要求的特性。人们都乐于接受大型建筑或重点建筑的巨大尺寸和壮丽场面，也都喜欢小型住宅亲切宜人的特点。寓于物体尺寸中的美感是一般人都能意识到的，在人类发展的早期，人们对此就已经有所觉察。所以，当人们看到一座建筑物尺寸和实际应有尺寸完全是两码事的时候，人们本能地会感到扫兴或迷惑不解。

因此，一个好的建筑要有好的尺度，但好的尺度不是唾手可得的，而是一件需要苦心经营的事情，并且在设计者的头脑里，对尺度的考虑必须支配设计的全过程。要使建筑物有尺度，就必须把某个单位引到设计中去，使之产生尺度，这个引入单位的作用，就好像一个可见的标杆，它的尺寸，人们可简易、自然和本能地判断出来。与建筑整体相比，如果这个单位看起来比较小，建筑就会显得大；若是看起来比较大，整体就会显得小。

人体自身是度量建筑物的真正尺度，也就是说，建筑的尺寸感能在人体尺寸或人体动作尺寸的体会中最终分析清楚。因此，常用的建筑构件因必须符合人们的使用要求而具有特定的标准，如栏杆、窗台为 lm 高左右，踏步为 15cm 左右，门窗为 2m 左右，这些构件的尺寸一般是固定的，因此可作为衡量建筑物大小的尺度。

尺度与比例之间的关系是十分亲切的。良好的比例通常根据人使用尺寸的大小所形成，而正确的尺度感则是通过各部分的比例关系显示出来的。园林建筑构图中尺度把握得正确与否，其标准并非绝对，但要想取得比较理想的亲切尺度，可采用以下方法：

1. 缩小建筑构件的尺寸，实现与自然景物的协调

中国古典园林中的游廊，多采用小尺度的做法，廊子宽度一般在 1.5m 左右，高度伸手可及横楣，坐凳栏高低矮，游人步入其中倍感亲切。建筑庭园中常借助小尺度的游廊烘托出较大尺度的厅、堂之类的主体建筑，并通过这样的尺度来达到更为生动活泼的协调效果。要使建筑物和自然景物尺度协调，还可以把建筑物的某些构件如柱子、屋面、基座、踏步等直接用自然山石、树枝、树皮等来替代，使建筑与自然景物得以相互交融。四川青城山有许多用原木、树枝、树皮构筑的亭、廊，与自然景色十分贴合，尺度效果亦佳。现代一些高层大体量的旅馆建筑，亦多采用园林建筑的设计手法，在底层穿插布置一些亭、廊、榭、桥等，用以缩小观景的视野范围，使建筑和自然景物之间互为衬托，从而获得室外空间亲切宜人的尺度。

2. 控制园林建筑室外空间尺度，避免削弱景观效果

这方面主要与人的视觉规律有关：一般情况下，各主要视点赏景的控制视角为 60°~90° ，或视角比值 H∶D（H 为景观对象的高度，在园林建筑中不只限于建筑物的高度，还包括构成画面中的树木、山丘等配景的高度，D 为视点与景观对象之间的距离）约在 1∶1 至 1∶3 之间。在庭院空间中若各个主要视点观景所得的视角比值都大于 1∶1，则人将在心理上产生紧迫和闭塞的感觉；如果小于 1∶3，这样的空间又将产生散漫和空旷的感觉。一些优秀的古典庭园，如苏州的网师园、北京颐和园中的谐趣园、北海公园

中画舫斋等的庭院空间尺度基本上都是符合这些视觉规律的。故宫乾隆花园以堆山为主的两个庭院，四周为大体量的建筑所围绕，在小面积的庭院中堆砌的假山过满过高，致使处于庭院下方的观景视角偏大，给人以闭塞的感觉，而当人们登上假山赏景的时候，却因景观视角的改变，不仅觉得亭子尺度适宜，而且整个上部庭院的空间尺度也显得亲切，不再有紧迫压抑的感觉。

以上讨论的问题是如何把建筑物或空间做得比它的实际尺寸小；与此相反，在某些情况下，则需要将建筑物或空间做得比它的实际尺寸大，也就是试图使一个建筑物显得尽可能地大。达此目的的办法就是加大建筑物的尺度，一般可采用适当放大建筑物部分构件的尺寸来达到，以突出其特点，即采用夸张的尺度来处理建筑物中一些引人注目的部位，给人们留下深刻的印象。例如，古代匠师为了适应不同尺度和建筑性格的要求，房屋整体构造有大式和小式的不同做法。为了加大亭子的面积和高度，增大其量，可采用重檐的形式，以免单纯按比例放大亭子的尺寸，造成粗笨的感觉。

（七）色彩

色彩的处理与园林空间的艺术感染力有密切的关系。形、声、色、香是园林建筑艺术意境中的重要因素，其中形与色范围更广，影响也较大，在园林建筑空间中，建筑物、山、石、水体、植物等主要都以形、色动人。园林建筑风格的主要特征大多也表现在形和色两个方面。中国传统园林建筑以木结构为主，但南方风格体态轻盈，色泽淡雅；北方则造型浑厚，色泽华丽。现代园林建筑采用玻璃、钢材和各种新型建筑装饰材料，造型简洁，色泽明快，引起了建筑形、色的重大变化，建筑风格正以新的面貌出现。

园林建筑的色彩与材料的质感有着密切的联系。色彩有冷暖、浓淡的差别，色的感情和联想及其象征的作用可给人带来各种不同的感受。质感则主要表现在景物外形的纹理和质地两个方面。纹理有直曲、宽窄、深浅之分，质地有粗细、刚柔、隐显之别。质感虽不如色彩能给人多种情感上的联想、象征，但它可以加强某些情调上的气氛。色彩和质感是建筑材料表现上的双重属性，两者相辅共存，只要善于去发现各种材料在色彩、质感上的特点，并利用韵律、对比、均衡等各种构图变化，就有可能获得良好的艺术效果。运用色彩与质地来提高园林建筑的艺术效果，是园林建筑设计中常用的手法，在应用时应注意以下问题：

1. 注重与自然景物的协调关系

作为空间环境设计，园林建筑对色彩和质感的处理除考虑建筑物外，各种自然景物相互之间的协调关系也必须同时进行推敲，应该使组成空间的各要素形成有机的整体，以提高空间整体的艺术质量和效果。

2. 处理色彩质感的方法

处理色彩质感的方法，主要是通过对比或微差取得协调，突出重点，以提高艺术的表现力。

（1）对比。色彩、质感的对比与前文所讲的大小、方向、虚实、明暗等各个方面的处理手法所遵循的原则基本上是一致的。在具体组景中，各种对比方法经常是综合运用的，只在少数的情况下根据不同条件才有所侧重。在风景区布置景点建筑，如果要突出建筑物，除了选择合适的地形方位和塑造优美的建筑空间体型外，建筑物的色彩最好采用与树丛山石等具有明显对比的颜色。如要表达富丽堂皇、端庄华贵的气氛，建筑物可选用暖色调、高彩度的琉璃瓦、门、窗、柱子，使其与冷色调的山石、植物形成鲜明的对比。

（2）微差。所谓微差是指空间的组成要素之间表现出更多的相同性，并使其不同性对比之下可以忽略不计时所具有的差异。园林建筑中的艺术情趣是多种多样的，为了强调亲切、宁静、雅致和朴素的艺术气氛，多采用微差的手法取得和谐，突出艺术意境。如成都杜甫草堂、望江亭公园、宵城山风景区和广州兰圃公园的一些亭子、茶室，采用竹柱、草顶，或墙、柱以树枝、树皮建造，使建筑物的色彩与质感和自然中的山石、树丛尽量一致。经过这样的处理，艺术气氛显得异常古朴、清雅、自然，耐人寻味，这些都是利用微差手法达到协调效果的典型事例。园林建筑设计不仅单体可用上述处理手法，其他建筑小品如踏步、坐凳、园灯、栏杆等，也同样可以仿造自然的山与植物来与环境相协调。

（3）考虑色彩与质感的时候，应注意视线距离的影响。对于色彩效果，视线距离越远，空间中彼此接近的颜色因空气尘埃的影响就越容易变成灰色调；而对比强烈的色彩，其中暖色相对会显得愈加鲜明。在质感方面则不同，距离越近，质感对比越显强烈，但随着距离的增大，质感对比的效果也随之逐渐减弱。例如，太湖石是具有透、漏、瘦特点的一种质地光洁呈灰白色的山石，因其玲珑多姿、造型奇特，适宜散置近观，或用在小型庭院空间中筑砌山岩洞穴，如果纹理脉络通顺，堆砌得体，尺度适宜，景致必然十分动人；但若用在大型庭院空间中，堆砌大体量的崖岭峰峦，在视线较远时，由于看不清山形脉络，不仅达不到气势雄伟的景观效果，反而会给人以虚假和矫揉造作的感觉，若以尺度较大、体型方正的黄石或青石堆山，则显得更为自然逼真。

此外，建筑物墙面质感的处理也要考虑视线距离的远近、选用材料的品种和决定分格线条的宽窄、深度。如果视点很远，墙面无论是用大理石、水磨石、水刷石，还是普通水泥色浆，只要色彩一样，其效果不会有多大区别；但是，随着视线距离的缩短，材料的不同，以及分格嵌缝宽度、深度的变化，大小不同的质感效果就会显现出来。

以上是对园林建筑构图中所遵循的一些原则进行的简单介绍和分析，实际上艺术创作不应受各种条条框框的限制，就像画家可以在画框内任意挥毫泼墨，雕塑家在转台前可以随意加减，艺术家的形象思维驰骋千里本无拘束。这里所谓“原则”只不过是总结前人在园林和园林建筑设计中所取得的艺术成果，找出一点规律性的东西，以供读者创作或评议时提出点滴的线索而已，切不可被这些“原则”给束缚住了手脚，那样的话，便事与愿违了。

三、园林建筑的空间处理

在园林建筑设计中，为了丰富空间的美感，设计师往往需要采用一系列的空间处理手法，创造出“大中见小、小中见大、虚中有实、实中有虚、或藏或露、或浅或深”的富有艺术感染力的园林建筑空间。与此同时，还需运用巧妙的布局形式将这些有趣的空间组合成一个有机的整体，以便向人们展示出一个合理有序的园林建筑空间序列。

（一）空间的概念

人的活动是在一定的空间范围内进行的。其中，建筑空间（包括室内空间、建筑围成的室外空间以及两者之间的过渡空间）给人的影响和感受最直接、最常见、最重要。

人们从事建造活动，花力气最多、花钱最多的地方是在建筑物的实体方面——基础、墙垣、屋顶等，但是人们真正需要的却是这些实体的反面，即“建筑空间”。因此，现代建筑师都把空间的塑造作为建筑创作的重点来看待。

人类对建筑空间的追求并不是什么新的课题，而是人类按自身的需求，不断地征服自然、创造性地进行社会实践的结果。从原始人定居山洞、搭建最简易的窝棚到现代建筑空间，经历了漫长的发展历程，而推动建筑空间不断发展、不断创新的，除了社会的进步、新技术和新材料的出现给创作提供了的可能性外，最重要、最根本的就是人们不断发展、不断变化着的对建筑空间的需求。人与世界接触，因关系及层次的不同而有着不同的境界，人们就要创造出各种不同的建筑空间去适应不同境界的需要：人为了满足自身生理和心理的需要而建立起私密性较强、具有安全感的建筑空间，为满足家庭生活的伦理境界而建造起了住宅、公寓，为适应政治境界而建造官邸、宫殿、政府大厦，为适应彼此的交流与沟通的需要而建造商店、剧院、学校……园林建筑空间是人们在追求与大自然和谐相处中所创造的一种空间形式，它有其自身的特性和境界。人类的社会生活越发展，建筑空间的形式也必然会越丰富，越多样。中国建筑和西方建筑在建筑空间的发展过程中，曾走过两条相当不同的道路。西方古代石结构体系的建筑，成团块状地集中为一体，墙壁厚厚的，窗洞小小的，建筑的跨度受到石料的限制而内部空间较小，建筑艺术加工的重点自然放到了“实”的部位。建筑和雕塑总是结合为一体，追求一种雕塑性的美，因此人们的注意力也自然地集中到了所触及的外表形式和装饰艺术上。后来发展了拱券结构，建筑空间得到了很大程度的解放，于是人们建造起了像罗马的万神庙、公共浴场、歌德式的教堂，以及有一系列内部空间层次的公共建筑物，建筑的空间艺术有了很大发展，内部空间尤其发达，但仍未突破厚重实体的外框。中国传统的木构架建筑，由于受到木材及结构本身的限制，内部的建筑空间一般比较简单，单体建筑比较定型。布局上，总是把各种不同用途的房间分解为若干幢单体建筑，每幢单体建筑都有其特定的功能与一定的“身份”以及与这个“身份”相适应的位置，然后以庭院为中心，以廊子和墙为纽带把它们联系起来，成为一个整体。因此，就发展成了以“四合院”为基本单元形式的呈纵横向水平铺开的群体组合。庭院空间成为建筑内部空间的一种必要补充，内部空间与外部空间的有机结合成为建筑规划设计的主要内容。建筑艺术处理的重点，不但表现在建筑结构本身的美化、建筑的造型及少量的附加装饰上，而且更加强调建筑空间的艺术效果，更精心地追求一种稳定的空间序列层次发展所获得的总体感受。中国古代的住宅、寺庙、宫殿等，大体都是如此。中国的园林建筑空间，为追求与自然山水相结合的意趣，把建筑与自然环境更紧密地配合在一起，因而更加曲折变化、丰富多彩。

由此可见，除了建筑材料与结构形式上的原因外，中国人与西方人对空间概念的认识不同，因而形成两种截然不同的空间处理方式，产生了代表两种不同价值观念的建筑空间形式。

（二）空间的处理手法

1. 空间的对比

为创造丰富多变的园景和给人以某种视觉上的感受，中国园林建筑的空间组织经常采用对比的手法。在不同的景区之间，两个相邻而内容又不尽相同的空间之间，一个建筑组群中的主、次空间之间，都常形成空间上的对比。其中主要包括：空间大小的对比，空间虚实的对比，次要空间与主要空间的对比，幽深空间与开阔空间的对比，空间形体上的对比，建筑空间与自然空间的对比等。

（1）空间大小的对比。将两个显著不同的空间相连接，由小空间进入大空间便衬得后者更为阔大的做法，是园林空间处理中为突出主要空间而经常运用的一种手法。这种小空间可以是低矮的游廊，小的亭、榭，不大的小院，一个以树木、山石、墙垣所环绕的小空间，其位置一般处于大空间的边界地带，以敞口对着大空间，取得空间的连通和较大的进深。当人们处于任何一种空间环境中时，总习惯于寻找到一个适合自己的恰当的“位置”，在园林环境中，游廊、亭轩的坐凳，树荫覆盖下的一块草坪，靠近叠石、墙垣的座椅，都是人们乐于停留的地方。人们愿意从一个小空间中去看大空间，愿意从一个安定的、受到庇护的小环境中去观赏大空间中动态的、变化着的景物。因此，园林中布置在周边的小空间，不仅衬托和突出了主体空间，给人以空间变化丰富的感受，而且也很适合于人们在游赏中心理上的需要，因此这些小空间常成为园林建筑空间处理中比较精彩的部分。

空间大小对比的效果是相对的，它是通过大小空间的转换，在瞬时产生大小强烈的对比，使那些本来不太大的空间显得特别开阔。例如，苏州古典园林中的留园、网师园等利用空间大小的强烈对比而获得小中见大的艺术效果，就是典型的范例。

（2）空间形状的对比。园林建筑空间形状的对比有两种：一是单体建筑的形状对比；二是建筑围合的庭院空间的形状的对比。形状对比主要表现在平、立面形式上的区别。方和圆、高直与低平、规则与自由，在设计时都可以利用这些空间形状上互相对立的因素来取得构图上的变化和突出重点。

从视觉心理上说，规矩方正的单体建筑和庭院空间易于形成庄严的气氛；而比较自由的形式，如三角形、六边形、圆形和自由弧线组合的平、立面形式，则易形成活泼的气氛。同样，对称布局的空间容易给人以庄严的印象，而不对称布局的空间则多为一种活泼的感受。庄严或活泼，主要取决于功能和艺术意境的需要。传统私家园林的主人日常生活的庭院多采取规矩方正的形状，憩息玩赏的庭院则多采取自由形式。从前者转入后者时，由于空间形状对比的变化，艺术气氛突变而倍增情趣。形状对比需要有明确的主从关系，一般情况下主要靠体量大小的不同来解决。如北海公园里的白塔和紧贴前面的重檐琉璃佛殿，体量上的大与小、形状上的圆与方、色彩上的洁白与重彩、线条上的细腻与粗犷，这些对比都很强烈，呈现出极佳的艺术效果。

（3）建筑与自然景物的对比。在园林建筑设计中，严整规则的建筑物与形态万千的自然景物之间包含着形、色、质感等多种对比因素，通过对比，可以突出构图重点从而获得景效。建筑与自然景物的对比，也要有主有从，或以自然景物烘托突出建筑，或以建筑烘托突出自然景物，使两者结合成协调的整体。风景区的亭榭空间环境，建筑是主体，四周自然景物是陪衬，亭、榭起点景作用。有些用建筑物围合的庭院空间环境，池沼、山石、树丛、花木等自然景物是赏景的兴趣中心，建筑物反而成了烘托自然景物的屏壁或背景。

园林建筑空间在大小、形状、明暗、虚实等方面的对比手法，经常互相结合，交叉运用，使空间有变化，有层次，有深度，使建筑空间与自然空间有很好的结合与过渡，以达到园林建筑实用与造景两方面的基本要求。

2. 空间的渗透

在园林建筑空间处理时，为了避免单调并获得空间的变化，设计师常常采用空间相互渗透的方法。人们观赏景色，如果空间毫无分隔和层次，则无论空间有多大，都会因为一览无余而感到单调乏味；相反，置身于层次丰富的较小空间中，如果布局得体能获得众多美好的画面，则会使人在目不暇接的视觉感受过程中忘却空间的大小限制。因此，处理好空间的相互渗透，可以突破有限空间的局限性取得“大中见小”或“小中见大”的变化效果，从而增强艺术的感染力。比如中国古代有许多名园，占地面积和总的空间体积并不大，但因能巧妙使用空间渗透的处理手法，造成比实用空间要大得多的错觉，给人留下了深刻的印象。处理空间渗透的方法概括起来有以下两种：

（1）相邻空间的渗透。这种方法主要是利用门、窗、洞口、空廊等作为相邻空间的联系媒介，使空间彼此渗透，增添空间层次。在渗透运用上主要有以下四种手法：

对景：指在特定的视点，通过门、窗、洞口，从一空间眺望另一空间的特定景色。对景能否起到引人入胜的诱导作用与对景景物的选择和处理有密切关系，所组成的景色画面构图必须完整优美。视点、门、窗、洞口和景物之间为固定的直线联系，形成的画面基本上是固定的，可以利用窗、洞口的形状和式样来加强画面的装饰性效果。门、窗、洞口的式样繁多，采用何种式样和尺寸应服从艺术意境的需要，切忌公式化随便套用。此外，对景设计不仅要注意“景框”的造型轮廓，还要注意尺度的大小，推敲它们与景色对象之间的距离和方位，使之在主要视点位置上能获得最理想的画面。

流动景框：指人们在流动中，通过连续变化的“景框”观景，从而获得多种变化的画面，取得扩大空间的艺术效果。李笠翁在《一家言·居室器玩部》中曾谈到坐在船舱内透过固定花窗观赏流动着的景色以获取多种画面。在陆地上由于建筑物不能流动，因此要达到这种观赏目的，只能在人流活动的路线上，通过设置一系列不同形状的门、窗、洞口去摄取“景框”外的各种不同画面。这种处理手法与《一家言·居室器玩部》中的流动观景情况具有异曲同工之妙。

利用空廊互相渗透：廊子不仅在功能上能起交通联系的作用，也可以作为分隔建筑空间的重要手段。用空廊分隔空间可以使两个相邻空间通过互相渗透把对方空间的景色吸收进来，以丰富画面，增添空间层次和取得交错变化的效果。例如，广州白云宾馆，其底层庭院面积不大，但水池中部增添的一段紧贴水面的桥廊把庭院分隔为两个不同组景特色的水庭，通过空廊的互相借景，增添了空间的层次，取得了似分似合、若即若离的艺术效果。用廊子分隔空间形成渗透效果，要注意推敲视点的位置、透视角度以及廊子的尺度及其造型的处理。

利用曲折、错落变化增添空间层次：在园林建筑空间组合中，设计师常常采用高低起伏的曲廊、折墙、曲桥、弯曲的池岸等手法来化大为小，分隔空间，增添空间的渗透与层次。同样，在整体空间布局上也常把各种建筑物和园林环境加以曲折错落布置，以求获得丰富的空间层次和变化。特别是在一些由各种厅、堂、榭、楼、院单体建筑围合的庭院空间处理上，如果缺少曲折错落，则无论空间多大，都势必会造成单调乏味的弊病。在错落变化时不可为了曲折而曲折，为了错落而错落，必须以在功能上合理、在视觉景观上能获得优美画面和高雅情趣为前提。为此，设计时需要认真、仔细推敲曲折的方位角度和错落的距离、高度尺寸。

中国古典园林建筑中巧妙利用曲折错落的变化以增添空间层次，取得良好艺术效果的例子有：苏州网师园的主庭院、拙政园中的小沧浪和倒影楼水院，杭州三潭印月，北方皇家园林避暑山庄的万壑松风、天宇咸畅，北京北海公园的白塔南山建筑群、静心斋、濠濮间，北京颐和园的佛香阁建筑群、画中游、谐趣园等。

（2）室内外空间的渗透。建筑空间室内室外的划分是由传统的房屋概念形成的。所谓室内空间一般指具有顶、墙、地面围护的室内部空间，在它之外的称作室外空间。通常的建筑，空间的利用重在室内，但园林建筑，室内外空间都很重要。在创造统一和谐的环境角度上，它们的含义也不尽相同，甚至没有区分它们的必要。按照一般概念，在以建筑物围合的庭院空间布局中，中心的露天庭院与四周的厅、廊、亭、榭，前者一般被视为室外空间，后者被视为室内空间；但从更大的范围看，也可以把这些厅、廊、亭、榭视作围合单一空间的门、窗、墙面，用它们来围合庭院空间，即形成一个更大规模的、半封闭（没有顶）的“室内”空间，而“室外”空间相应是庭院以外的空间了。同理，还可以把由建筑组群围合的整个园内空间视为“室内”空间，而把园外空间视为“室外”空间。

扩大室内外空间的目的在于说明所有的建筑空间都是采用一定手段围合起来的有限空间，室内、室外是相对而言的，处理空间渗透的时候，可以把“室外”空间引入“室内”，或者把“室内”空间扩大到“室外”。在处理室内外空间的渗透时，既可以采用门、窗、洞口等“景框”手段，把邻近空间的景色间接地引入室内，也可以采取把室外的景物直接引入室内，或把室内景物延伸到室外的办法来取得变化，使园林与建筑能交相穿插，融合成为有机的整体。例如，北京北海公园濠濮间的空间处理是一个优良的范例，其建筑本身的平面布局并不奇特，但通过建筑物亭、榭、廊、桥曲折的错落变化，以及对室外空间的精心安排，诸如叠石堆山、引水筑池、绿化栽植等，使建筑和园林互相延伸、渗透，构成有机的整体，从而形成空间变化莫测、层次丰富、和谐完整、艺术格调很高的一组建筑空间。

第四章　现代园林景观设计概述

第一节　园林景观设计存在的问题及设计要点

本章从设计风格、设计专业性以及设计生态性方面分析了目前我国园林景观设计中存在的问题，进而提出了园林景观设计的关键要点。

一、目前园林景观设计存在的问题

（一）园林景观设计盲目跟风

我国目前的园林景观设计已经有意识地在提升中国传统文化元素在设计中的应用比例，园林景观的设计风格也明显提升，但是整体的园林景观设计仍然缺乏自身特色以及存在设计盲目跟风的现象。

我国有大量的园林景观设计工作者出国进修，在国外学习先进的西方园林景观设计文化并回国推动国内的园林景观设计发展，但由于受到国外设计观念的影响，他们将西方的哥特式以及欧式的园林景观设计引入到我国的园林景观中，导致我国的园林景观缺乏自身特色。而且在我国有着深厚的传统文化背景的前提下，传统特色却没有得到足够的开发以及应用，这不能不说是一种遗憾。因此园林景观的设计需要在发扬中国传统文化的同时，融合西方的先进园林景观设计技术，推动我国园林景观设计行业的发展。

（二）园林景观设计专业性不强

我国的园林景观设计从业者中，除了少部分是专业的园林景观设计师外，其余均为业余的园林工作者或者是植物养护员，因此他们对于园林景观的设计了解得不多，设计的植物景观专业性不强，甚至出现千篇一律的现象，缺乏设计亮点。同时由于专业知识的缺乏，这些园林景观往往很难适应新的环境，与实际的环境以及气候出现冲突，出现园林景观因适应不了生存环境而死亡的现象，浪费了园林景观的资源。在实际的园林景观设计中，考虑到园林景观设计的科学性以及专业性，设计者需要具备充足的园林景观设计专业知识，不仅要设计出具有自身特色的园林景观，还需要考虑到园林景观植物的生存环境、气候适应等问题，只有多方面结合才能设计出优秀的园林景观。

（三）园林景观设计生态环保不到位

园林景观的生态环保问题是园林景观设计者在设计时容易忽略的问题。目前我国部分园林景观设计由于只考虑到实际的美观效果，忽略了生态性而导致整个园林景观的生态系统发生改变，部分植物出现竞争，争夺阳光和空气，最后使园林景观生态系统变得不稳定。在实际的园林景观设计过程中，设计师需要考虑实际的生态效益，在保证园林景观设计外观美感的同时，考虑到不同物种以及不同植物在时间以及空间上的合理结构。特别是在园林景观的后期维护中，园林景观设计的环保问题就更加重要，生态到位的园林景观不仅能够节省水资源以及空间资源，而且还能在后期的养护中节省人力物力。比如，街道的园林景观需要采用旱类的植物，湖景园林景观则以水生植物为主。因此，设计师要结合实际的、具体的生态环保进行分析，保证园林景观设计的生态环保性。

二、园林景观设计的关键

（一）强化园林景观设计的地域特色

随着我国城市化及园林景观设计的发展，园林景观也出现多样化的特点，园林景观设计工作者需要考虑自身的城市特色，通过结合不同的城市特色设计出不同类型的园林景观。园林景观设计人员可以对自身城市的文化进行挖掘，将自身城市的文化特点引入到园林景观的设计中去，通过对地域文化的传承以及弘扬，将园林景观设计作为文化传播的关键口，强化园林景观设计的地域特色，打造出具有自身城市特色的园林景观设计。多方面的地域文化融入园林景观中，不仅能丰富园林的整体美感，而且还能够增加园林景观的文化层次，使得特色化的园林景观设计不仅有利于地域文化之间的交汇融合，而且能够推动我国园林景观设计的多样化发展，倡导园林景观的设计地域化，不断创新，将传统文化特色融入进现代园林景观设计中，为园林景观的建设提供发展动力。

（二）考虑园林景观设计的视觉效果

由于目前我国大部分的园林景观均处于城市之中，因此考虑园林景观的视觉效果十分有必要。在城市中，园林景观起到的作用主要是美化城市环境以及给城市居民带来绿化的感受，同时园林景观设计也是环境设计的学科分支，一个完整的园林景观设计需要将土壤、岩石、植物等多个因素有机结合，展现出园林景观设计最好的视觉效果，通过这种视觉信息给人们带来不同的视觉感受。城市居民不仅能够感知园林景观设计带来的视觉冲击，还能体会美的感受，提升生活品质和幸福感。园林景观的视觉设计需要结合整体进行考虑，通过对园林景观植物巧妙地规划排布，对植物以及树木进行配置、合理地栽种，保证园林景观的整体视觉效果。

（三）注重园林景观的科学规划排布

园林景观的科学规划排布十分重要。在园林景观设计之初，设计者就需要对园林进行科学的布局，首先需要选定合适的园林景观位置，如在城市的哪一个区域进行分布，然后再决定园林景观的规模大小。在完成园林景观的初步工作后，再对设计风格进行分析，结合城市的特色进行构思设计，要既能凸显城市的地域风格，又能体现园林景观设计的文化特色，多方面合理协调统一，不能将园林景观设计从周围的城市规划中孤立出来。最后对园林景观进行人文开发设计，深度挖掘城市的文化底蕴以及历史沉淀，科学的规划排布不仅能够很好地保证整体的园林景观的美感，而且能发挥园林景观作为当地城市的文化传播媒介的作用，更好地展示城市的文化以及特色，实现园林景观的多功能开发与设计。

总之，园林景观的设计需要园林景观工作者从多方面、多角度进行分析、考虑，在保证园林景观外观美感的同时，顾及不同的文化作用以及生态功能，打造出一个具有城市特色且生态功能齐全的园林景观。

第二节　城市园林景观设计的探索

在城市规划中，园林景观设计起到了很大的作用，它可以改善人们的生活环境，在促进城市经济建设的发展方面也发挥着重要作用，因此我们就需要把城市规划中的园林景观设计放在第一位。在城市生态系统的构建中，园林景观设计可以提高城市民众的生活质量，美化城市环境，对改善城市生态环境有很重要的意义。只要我们用合理的方法，将二者相互结合，城市的建设就会更好。

一、城市园林景观设计的作用

景观设计广义上可以囊括所有室外空间的设计，公园、庭院、建筑周边、道路、城市空间等。城市园林景观设计的目的就是为大家营造一个和谐的氛围，让大家在茶余饭后有一个好的游玩休息的场所。

城市园林景观设计有以下两个方面的作用：首先，从精神层面来说，社会意识的形态可以通过城市园林景观设计展现出来，它是艺术方式在空间上的一种表现形式，能让大家生活得更愉悦，心情更好，为人们带来更加丰富多彩的业余生活。当人们置身在美景之中时，人们的工作、生活压力得到缓解，能有更好的心情去迎接新的生活，工作效率和生活质量都会有所提高，在这种基础上，一个城市的面貌也能靠城市的园林景观去体现。

从物质这个角度来说，城市环境的好与坏也可以从园林景观中表现出来，即人们在茶余饭后是否有一个能够休息的场所，以便娱乐、游玩等。城市的环境可以靠园林景观设计来改善，以满足人们日益增长的生活需求，造福社会。

设计师们在进行城市景观园林设计时，一定要从当今社会的审美趋势出发，而且还要不断创新，设计出与众不同的、令人陶醉的园林景观，真正起到群众满意、为城市增光添彩的作用。在我国工业化进程快速发展的同时，我们的环境、生态系统也遭到了很大的破坏，环境污染的危害越来越多地被人们所重视，人们密切关注着如何拯救生态环境、降低污染、净化空气这些核心问题。而园林景观设计在各方面都能起到很大的作用，如提高了城市的空气质量，改善了城市的生态环境，保障了城市居民的健康生活。所以城市园林景观设计师要怀揣着一颗美化环境、保护环境的心，将改革创新进行到底，通过园林景观设计为我们的城市环境增光添彩。

二、园林景观设计在城市规划中的合理运用

（一）要将城市规划中的园林景观与经济建设相结合

在经济发展的条件下，为了满足人们物质生活的需要，园林景观需要有一个很好的建设。政府也在财政上给予了很大的支持，例如，为了换回城市的蓝天，在大路旁种植了很多树木，使道路旁的尾气得到很好的净化，从而提高空气净化率。在工厂附近增加植物种植的比例，形成景观群，尤其是污染大的工厂附近。为了使生态环境得到稳定的保护，在人群多的住宅区域，景观设计应加大环保力度，保证居住在这些区域的人们都可以感受到大自然的清新。

（二）文物保护区的园林建设与文化景观相结合

文物保护区的园林设计与文化景观的结合，要抓住地域的历史文化特色，并且迎合时代脉搏，在建设历史文化公园的基础上进行园林建设规划。在人员集中、密度大的区域，提高城市园林植物种植的数量和质量，使该区域市民的健康得到很好的保障，无论是在城市建设中，还是在园林景观设计、城市规划当中，设计师们都要以人为本，把人们的生活需求摆在第一位置。无论是城市规划还是城市景观建设，首要目的都是提高人们的生活质量，满足人们对物质生活的生理、心理需要。

另外，在城市园林景观建设中还运用了虚拟现实和互动性技术的手法。虚拟现实技术，即运用运动过程当中的人眼成像规律，将头部运动特征和

人的视线高度等集合在景观环境当中，将它们具体、真实地模拟出来，让人们在园中边游玩边呼吸新鲜的空气。这个过程既能让人们直观地感受到模拟虚化园林景观设计的优点，又能让人有身临其境之感。虚拟现实技术的应用，使民众在观景的同时又可以进行娱乐，实现了休闲娱乐一体化，整体游玩氛围得到提升，市民的生活需求得到了大大的满足。

第三节　建筑设计与园林景观设计

建筑工程的发展越来越趋向智能化、环保化、节能化和生态化。将建筑设计工作与园林景观设计工作相结合能够大幅度提升居住小区的生活品质。景观建筑的设计工作是园林设计工作中非常重要的一个内容，景观建筑设计的特殊性不仅是园林景观设计中的亮点，也是整个园林景观中独特的标志。因此，将具有艺术性的人文建筑景观设计成果放置于园林景观设计规划之中，可以有效地促进景观与建筑之间的融合，进而实现园林景观设计的完整性。本节将全面分析建筑设计与园林景观设计之间的关系，然后探讨两者之间融合的要点。

为了满足人民群众对周边生活环境质量的要求，也为了增加建筑设计方案中的舒适性、环保性，设计者在设计时需要将建筑设计与园林景观设计两者进行有机融合。建筑设计是园林景观设计中不可或缺的一个环节，园林景观设计是为装饰建筑而存在的。在进行建筑设计的过程中，需要综合考虑各种因素以提升空间利用率。充分利用建筑周边环境的空间不但可以显著提升人们的生活舒适性，还可以为周边环境的设计工作提供优化方案。园林景观与建筑都是环境的一部分，二者之间相互依存、相互促进。

一、建筑设计与园林景观设计之间的关系分析

（一）园林景观设计成果是建筑设计工作重要的体现

建筑设计工作的质量能够直接影响环境整体设计的质量。为了提升建筑周边环境设计的质量，建筑设计人员要给予设计工作足够的重视，要在设计时综合考虑各种影响因素，如建筑环境空间的利用方式及利用效果，以协调建筑物与周边环境之间的关系。众所周知，建筑设计工作的主要目的就是通过设计手段，实现环境与建筑之间良好的统一，并且融入城市文化，将建筑、文化、景观融合在一起。园林景观设计不仅可以使建筑周边环境体现出浓郁的人文风情与地域文化，还可以使建筑与环境相结合的构造美成为一道美丽的风景线。

（二）建筑设计工作是园林景观设计工作的重要组成部分

园林景观设计工作的主要任务就是对周边景观进行规划与设计。借助绿色景观树木、花草及风景小品的布置来实现园林艺术设计的效果，减少城市规划建设活动对周边环境的影响。园林景观设计人员在制订园林规划设计方案的过程中应明确建筑设计工作在景观设计中的重要性，然后积极探索新的设计方式，结合新的设计思路，充分发挥建筑设计工作在园林景

观设计中的作用。设计工作的关键是将建筑设计与园林景观设计相结合，这不仅是提升建筑周边环境舒适性的重要方式，还是提升环境设计艺术性与实用性的重要方式。园林景观的设计需要完善建筑设计，以提升园林景观设计工作的合理性。纵观我国传统建筑设计，古代设计师都注重建筑设计与园林景观设计之间的融合，进而达到建筑设计成为园林景观设计工作组成部分的效果。

（三）建筑设计与园林景观设计之间存在一致性

建筑设计工作与园林景观设计工作之间存在着一致性，设计师应在设计的过程中时刻保持这两者之间的关系，不得破坏两者之间的平衡与和谐。我国建筑工程在发展历程中始终坚持“以人为本”的设计理念，通过艺术性的设计方式努力创造舒适的、和谐的环境设计效果，为了达到这一目的，设计师就需要在整体设计方案的约束下开展建筑设计与园林景观设计工作。

二、建筑设计与园林景观设计之间的融合要点分析

（一）坚持整体设计的思想

将城市整体规划设计工作视为一个整体，然后在整体规划方案的约束下开展建筑与园林景观设计工作，可以提升两者融合设计的效果。设计师应提前对设计环境进行走访调查，充分了解设计环境的实际情况，然后基于整体设计思想对设计工作进行重新认识，由此避免设计过程中各类不利情况的发生。

（二）不断优化景观设计方案

在园林景观设计方案制订的过程中，设计师需要对该方案进行不断优化与更新。在我国大多数城市的城市景观设计过程中，建筑设计与园林景观设计之间的和谐性不足，园林景观设计没有满足建设设计对周边环境的要求，建筑设计没有考虑到建筑与园林景观之间的和谐性。因此，设计师首先要做的就是对建筑周边园林景观设计方案进行科学论证，对园林景观的功能性、建设经济性、环境生态性、施工技术性等多方面因素进行综合分析，然后结合施工区域周边环境的水文地质条件、人文环境等进行设计，不断优化与改进设计方案，以实现园林景观设计与建筑设计之间的和谐性，使园林景观设计效果满足城市整体规划布局的要求。

（三）通过合理运用建筑设计理念提升园林景观设计的深度

由于我国园林景观设计工作发展时间较短，与西方发达国家相比，我国的园林景观设计工作尚处于初步阶段，与园林景观设计相关的学科系统建设并不完善，设计师对园林景观设计工作的理解尚处于表层美化阶段。同时，园林景观设计工作存在严重的抄袭现象，景观设计方案的原创度不够。在园林景观设计的过程中，通过合理运用建筑设计理念来提升园林景观设计的深度是非常必要的，这也是建筑设计与园林景观设计之间的融合。设计师可以通过使用建筑设计分析、方案决策以及设计的方法来改变园林景观设计平面化的硬性延伸现状，提升园林景观设计的层次感与整体感，使园林景观与周边建筑及公共设施相融合；并且将建筑设计理念用于园林景观空间设计之中以提升园林景观的可动性。例如，建筑是固定的，而景观园林中的水是流动的。园林中的水对建筑进行折射，可以拓展人们在景观中的想象空间，进而使游客感受到园林景观设计独特的创意，收获不一样的视觉感受。

（四）建筑细部设计与园林景观设计协调的融合方法

建筑工程细部设计需要从整体出发，对细部进行精细化的设计可以提升建筑整体设计效果。建筑细部设计应体现出建筑物整体的设计风格，应与园林景观设计进行协调融合。通过对国内外优秀的建筑设计方案进行分析可知，优秀的建筑设计方案的细部设计均与景观设计进行了融合，建筑细部构造与景观始终处于一个相对稳定的系统之中。多个细部设计融合成建筑整体，如果每一个细部设计都与园林景观设计进行了融合，那么建筑物整体与周边的景观就会变得更加协调。

（五）利用建筑设计的思维解决园林景观受限制的问题

在城市生活圈中，建筑与景观的设计工作都会受到限制，例如建设场地的限制、工程成本的限制等。利用建筑设计思维解决园林景观受限制的问题是一个很好的办法。例如，在某些城市夹缝地带，园林设计人员无法进行模块化的造景设计，借用建筑设计思维，可以使用彩色喷涂地面的方式对城市建筑高密度夹缝地带的道路进行划分，这样不仅可以解决接缝地带视觉单调的情况，还可以为拓宽城市交通道路、减少绿化工作对道路资源的侵占作出贡献。

建筑设计与园林景观设计之间存在着强烈的关联性。在环境设计阶段，设计人员应提前做好设计规划，然后对设计环境周边的实际情况进行调查和分析，明确该区域园林景观设计工作与建筑设计工作之间的关系，促使建筑设计与园林景观设计之间达成一致。此外，设计人员还要注重分析建筑设计与园林景观设计的融合技巧，充分挖掘融合措施。

第四节　园林景观设计中的花境设计

花境是人们模拟自然风景中的野生花卉自然生长规律，通过艺术手段设计出的自然式画袋，是一种符合美学和生态原理的植物造景方式。在园林景观设计中，花境是重要的表现方法，注重“虽由人作，宛自天开”的境界。

一、花境的设计形式

路缘花境：路缘花境设置在道路两侧，选择建筑物、树丛、矮墙、绿篱等作为背景，同时做到前低后高，单面进行观赏，吸引游客的视线。路缘花境主要选择宿根花卉，搭配一二年生长花，提高观赏效果。

林缘花境：林缘花境一般常出现在树林的边缘，将草坪作为前景，将灌木、乔木等作为背景。林缘花境能够使植物配置在竖向上很好地过渡，可以丰富空间的使用情况，也使植物的配置更加有层次性，将自然的美展示出来，使花境设计的生态价值等得到凸显。

隔离带花境：隔离带花境主要起到隔离的效果，并且同时还具有一定的景观效果，通常在道路附近布置，花境组团的尺度要比其他形式的花境大，从而满足行人、车辆的观赏需要。隔离带花境的位置具有一定的特殊性，在后期常使用粗放式的管理方法，在选择植物时也是使用观赏期长、抗逆性强的花卉，从而使花境的颜色更加明亮、丰富。

岩石花境：是人们对高山、岩生植物的生长环境进行模拟，进而设计出的一种形式。岩石花境常出现在山坡上，从而能获得充足的光照。岩石花境利用高度带来的重力效果，保证植物的姿态更加生动、丰富。植物在坚硬的岩石上生长能够使游客感受到对比美。

台式花境：台式花境由于场地的限制，可以选择的植物并不多，将植物种植在由木材、石头构成的种植槽中，并结合土壤、温度以及降雨量等使花境形式得到优化，提高花境设计的效果。台式花境规模不大，但有着独特的风格。

二、园林景观设计中的花境设计

确定平面，完整构图。花境设计，需要先确定平面，并保证构图是完整的，以植物个体的生物学特点、植物个体与群体间相互作用的生物规律作为基础，从长轴方向形成连续的综合性景观序列。花期不能是同时的，要保证游客从春到秋都能够有花可赏。在相同季节中要结合植株的颜色、高度、数量以及形态等均匀布置。相邻花卉之间，要保证其生长的强弱、繁衍的速度等也不同，植株要能够共生，使花境更加丰盈典雅。植株需要高低错落，开花时不能相互遮挡，保证四季季相变化丰富。花境中的花卉需要是多年生的宿根、球根，保证花卉能够多年生长，不需要经常更换，使养护更加便利。花境设计者需要了解不同花卉的生长习性，搭配不同种类的花卉，保证花境的观赏效果更佳。对于单面观赏的花境，其配置植物要从低到高，形成斜面；对于双面观赏的花境，植物配置需要中间植物高、两边低，形成高低起伏的轮廓。平面轮廓与带状花坛是相似的，植床两侧是平行的直线或曲线，并且要利用矮生植物、常绿木本等进行镶边。花境植床需要比地面高，主要种植多年生的开花灌木或者生宿根花卉，同时做好排水工作。

植物、色彩的选择与搭配。花境在设计时需要优化植物材料的选择，明确不同植物的生长、抗寒性等，要选择能够在当地露地越冬的多年生花卉，植物要有很强的抗逆性，使用粗放式的管理方法，花期需要长，并且选择的植物要容易成活，有很高的观赏性。植物在搭配上也需要突出空间和立体感，做到层次分明、高低错落、疏密有致，使植物配置更加自然，不能遮挡住人的视线。质地对比要适当地过渡，不需要有太大的对比，将植物的特性差异展现出来，注重植物的观赏性以及生态性。此外花境设计还需要科学地进行色彩搭配，结合地理位置、环境以及文化特点等明确主色调，然后再进行其他颜色的搭配。花境的颜色，可以通过植物的花、叶、果实颜色进行表现，植物的颜色需要与周边环境相适应，不能盲目注重植物种类的多样化，否则会导致色彩混乱，影响观赏的整体效果。

科学进行竖向、平面设计。对于自然式斑块混植的花丛，每组中需要种植 5 到 10 种左右的花卉，并且要对每种花卉进行集中栽植，每个斑块都是一丛花，斑块可以是大的，也可以是小的，同时结合花色的冷暖等明确斑块的大小。植物的生长情况也是极为重要的，相邻花卉的生长强弱、繁衍速度等需要是相似的，避免设计效果受到影响。花境的外围要有轮廓，并利用矮栏杆、草坪等对边缘进行点缀。同时在设计过程中，花境内的花卉颜色需要与环境相适应。总之，颜色的选择需要有一定的反差，从而使对比更加鲜明。花境不能太宽，要做到因地制宜，与背景、道路等形成一定的比例，如果道路比较宽、墙垣比较大，花境的宽度就需要设计得大一些，注意植株的高度不能超过背景。此外，为了保证管理、观赏的便利，设计师还需要结合实际情况确定花境的长度，如果太长则需要分段进行栽植。

注重生长季节变化。在园林景观花境设计中，设计师还需要提高对不同生长季节的变化、深根与浅根系搭配的重视程度。比如牡丹、耧斗菜类都是上半年生长的，到了炎热的夏季，其茎叶就会枯萎并开始休眠，所以在此过程中需要搭配一些夏秋季节生长茂盛而春夏季节又不会对其生长、观赏等产生影响的花卉，比如金光菊等。对于深根系的植物，如石蒜类花卉，其开花时是没有叶子的，但是配合浅根系的茎叶葱、爬景天等就能够获得好的观赏和种植效果。

第五节　园林景观设计的传承与创新

园林景观艺术创造了居住环境中的各种优美风景景观，改善了人们的生活环境。我国当前的园林设计发展，除了传承古典园林的设计风格之外，更应该不断创新。本节将针对现代中国园林景观艺术的传承和创新进行分析探讨，挖掘其现实意义和潜在价值。

中国古典园林艺术是中国文化史上的重要遗产和宝藏，同时也是世界历史上伟大的奇迹和瑰宝，被公认为世界各类园林建设中的佼佼者，其地位和重要性不言而喻。园林在设计之初需要考虑很多问题，不仅需要考虑园林设计的意义，与周边自然环境的相互协调呼应，更要细致地考虑到园林内部的绿植以及所种植的树种等。园林景观设计的初衷是带给人们置身于大自然之感，促进和推动人类与自然环境的和谐相处以及生态环境的健康可持续发展。

古典景观设计中有许多方面值得现代景观设计师学习和借鉴，笔者在调查研究目前中国景观设计的现状时发现，要想更好地传承和发展景观设计艺术，除了要借鉴和传承古典园林景观的各种优点之外，还要不断地创新。将古典美融入现代的生活环境之中能产生奇妙的“化学效应”，让人耳目一新，产生具有创新性的景观设计艺术形式，是景观设计发展的大势所趋，也会带给人们更好的生活体验，满足更多的环境需求。

一、园林景观设计的传承

（一）天人合一的思想

景观设计更多地强调自然天成，不提倡过于繁杂的人工雕琢和堆砌痕迹。中国古典园林中天人合一思想的渗透和运用造就了园林史的辉煌与璀璨，这种古典艺术被外国学者认为是将空间和时间的选择做到极致，从而使得经济和社会效益实现最大化。这也能够让人类在不过多地破坏自然环境的条件下，做到与自然和谐共处，从而获得安宁与祥和的艺术形式。中国古代天人合一的思想，一方面是中国历史几千年的历程中沉淀出来的智慧和精髓，指导和影响了园林设计的发展；另一方面，中国现代的园林设计师们不断地传承和发扬这种思想并将其进行完善，将自然界天然存在的各种元素体现在园林景观之中，创造出了更加符合现代社会需求的优秀园林景观，给人们的精神家园提供了可以休息和缓解压力的空间，让人们在其中不断地提高自身的精神境界和文化修养。

（二）古典园林的季相之美

一年四季的交替让人们看到山水花鸟及各种景物的更替变化，这种美就是季相之美。中国古典的园林景观设计就是将这种美运用到了极致：在一年四季不断变化的过程中，利用景物的外在变化来表现和衬托变化莫测的空间意境，利用景物的变化穿插和点缀在整个流逝的岁月中，进而这种千姿百态、丰富多彩的季相之美便被完美地呈现在园林景观的设计和表现之中。

二、园林景观设计的创新

（一）广泛吸收现代艺术思潮，努力开拓园林设计思路

中国五千年的历史给人类留下的文明瑰宝是民族的重要宝藏，然而随着现代艺术思潮的涌现以及科技日新月异的发展，人们的思想境界和审美水平都有了全方位的提高和变化，如今要考虑的应是怎样将现代的各种文化艺术广泛应用到景观设计之中，不但要满足人们正常的审美，还要体现时代意义。这就要求设计师在设计时，既要继承和弘扬中华传统文化的魅力，又要结合现代社会进行艺术创新。现代园林景观设计如果做不到对古典艺术的传承和发扬，则会造成园林艺术的脱节和欠缺；而如果不进行创新，又会与当前社会不和谐，所以要做到在继承的基础上开拓新思路。

（二）重视现代技术在园林景观设计中的应用

现代科学的发展日新月异，新型技术的出现速度之快，更是让人目不暇接，若是将这些技术应用到风景园林的设计之中，将会得到更多的素材和思路，造就不同的风格和特点。新兴技术的发展和应用为园林的设计提供了生命力和灵感，也更新了传统观念，让人们对景观设计有了新的认识和期待。

（三）生态景观理念在园林景观设计中的应用

生态景观设计是对土地以及各种户外空间的不断利用，对整个生态系统的设计和改造，表现出尊重自然、敬畏自然的重要性和重要意义。人们

不能毫无章法地利用和改造自然，要做到与自然环境和谐共处，合理保护和节约自然资源，进一步改善人类与自然的关系，维护生态系统的健康与稳定。

综上所述，随着我国经济的快速发展以及人们生活水平的不断提高，园林设计师在进行园林景观设计时，要更多地考量其中所包含的文化内涵。笔者从中国当下园林景观艺术的调查研究中发现，在景观设计的发展中，继承和创新是不能被忽略的两个方面，这是园林艺术赖以发展的持久生命力以及重要的组成部分。中国园林景观设计在继承古典园林的各种优点和精华的同时，要不断挖掘和寻找属于自己的独特方面，进行创新研究，这样才能走得更远、更好。同时需要注意的是，在创新的过程中，应借鉴其他优秀作品的灵感和创意，摒弃不好的方面，使得园林景观设计的道路走得更加稳健和顺利。

第六节　园林景观设计中的地域文化

园林景观设计是我国城市建设的重要组成部分之一，为了保障这一设计工作的开展成效达到预期，笔者研究了园林景观设计与地域文化的关系，进而在此基础之上找到在实际设计过程中灵活应用地域文化的方法，以期能为相关设计人员提供理论上的参考。

随着我国社会的不断发展，人们对居住质量提出了更高的要求，而对于本节所讨论的问题来说，园林景观的设计和建设则是提升居住环境舒适度、传递当地文化价值的主要途径之一。在这样的背景下，相关单位必须将园林景观设计工作重视起来。但结合现状来看，为了在规范性和统一性上达到要求，园林景观设计中存在大量的趋同问题，不能充分体现出地域文化特点。如果不能对这种状况做出改进，那么园林景观将会失去其自身特点，致使观赏性大大降低，难以在城市化进程中发挥出其预期作用。另外，地域文化在园林景观设计中的应用，是保障当地地域文化得到有效传承并持续发展的关键，若设计人员不能将这两者充分地结合起来，那么园林景观就很有可能在功能性上不能达到预期。为了避免此类状况出现，研究城市园林景观设计中地域文化的应用方法非常有必要。

一、园林景观设计与地域文化之间的关系

（一）地域文化是园林景观设计的基础

根据气候、地质、地貌等的不同，各地域在自然特征和人文特征上所表现出的特点也会出现一定差异，对于前者来说，自然特征上的不同会导致人文特征上的差异。例如，盆地地区与平原地区居民的日常生活方式、饮食习惯等方面就存在明显的区别，当这些差异进一步发展，就形成了不同的宗教文化、风土人情。园林景观设计是建立在地域文化基础之上的，不但植物的选取受当地自然特征限制，园林内建筑的设计也要结合当地人文特征。

（二）园林景观设计是地域文化的延伸

随着经济和社会的不断变革，地域间的差异将被不断缩小，而为了更好地凸显特色，园林景观的设计必须有效体现出当地地域文化特点。以苏州园林、皇家园林等为例，这些园林景观内都包含了大量的假山、水池以及植被等，很好地体现出了我国古代所追求的“天人合一”的思想。但对于现代城市的发展来说，这一类园林的建设需要耗费大量的人力、物力，占地面积相对较大，与我国现阶段的居住需求不符。因而如何将地域文化与现代园林景观设计相结合，并保障地域文化价值在设计中得到传播和使园林景观设计成为地域文化的延伸，则是设计人员需要考量的主要问题。

二、在园林景观中凸显地域文化特色的方法

（一）充分考量当地传统文化

为了保障当地特有的历史人文价值功能，设计人员在设计前应充分考量当地传统文化，但同时，为了保障这些内容能在园林景观设计中发挥出自身价值，设计人员应分析如何利用当地历史文化特色构建现代化园林景观。为此，设计者可以参考以下两点内容：

1. 将文化典故场景化

我国有着非常悠久的历史，在园林景观设计工作中，设计人员可以结合当地著名的历史事迹或历史人物完成景观设计，并以场景化的形式展现这些内容。在这样的设计模式下，此类历史事件或人物自然就能通过园林

景观得到很好的传播。在实际设计过程中，摆设历史人物雕塑、文化墙等都能达到这样的效果。

2. 灵活利用各类设计图案

图案是传递文化最为直观的符号之一，因此，在园林景观设计过程中，设计人员可以结合当地特有的文化符号、图案等，并在此基础上完成设计。以太极八卦图的铺设为例，通过在窗户上、围栏上等位置以镂空的形式展示太极八卦图，人们在观看过程中，自然能更好地感受到此类图案中所体现出的历史底蕴。

（二）结合地域文化特点完成园林绿化设计

绿化是园林景观的重要组成部分，而为了保障园林绿化设计在改善周边生态环境的同时能达到凸显当地地域文化的目的，设计师可以参考以下两点内容来保障绿化设计与地域文化之间的充分融合：

1. 突出园林设计的地域特色和季节特色

保障园林一年四季都有不同的可观赏风景是园林绿化设计的目标之一，设计师可以按照地域特色区分不同植物，并按照不同的地域特色分区种植。在这样的设计模式下，不但园林内可以达到一年四季可观的效果，而且通过对不同特点的植物的利用，还能更好地体现当地地域文化中的自然特色。这一设计方法经常被应用于四合院景观的设置中。

2. 在文化景观中设置各类便民设施

这一点主要是为了保障地域文化园林景观建设自身的可持续性，为了达到这一目标，设计师可以利用各类便民设施，如小型广场、幼儿娱乐区、健身场地等划分不同的植被区域，进而在满足周边居民休闲娱乐需求的基础上，达到凸显当地地域文化的目的。

（三）将地域文化融合到现代园林景观设计之中

这一点主要是针对原有园林景观的改造而言。结合上文中的内容，现代园林景观设计应在延续地域文化的基础上进行创新，以此来确保园林景观设计既能满足周边居民的休闲娱乐需求，又能充分体现出当地地域文化特点。结合这样的要求来说，设计师可以在实际工作过程中，结合以下两点内容实现地域文化与现代园林景观设计之间的充分融合：

第一，在原有建筑的基础上进行改造。各类建筑是园林景观中的重要组成部分，而在对原有景观进行改造的过程中，设计师可以充分考量园区内现有建筑，尽量保留具备一定地域文化特色的建筑。例如，在改造园林景观中的门楼时，设计师可以在保留原有门楼结构的基础上，利用青砖贴面的形式来进行翻新，并通过匾额、高门槛等的设置，进一步凸显门楼的地域文化特点，最终通过翻新和改造达到原有门楼与园林景观设计之间的融合。

第二，结合当地地域文化特点完成细节设计工作。为了保障园林景观在风格上的统一性，设计人员在处理园林内的细节时也要结合一定的地域文化。在这样的背景下，设计人员可以参考具有当地文化特点的特殊形象或象征，并在此基础上完成绿化带、水井等的设计，综合利用这些内容为周边居民创造一个完整的园林景观，并通过园林景观传递地域文化。

综上所述，在分析地域文化与园林景观设计之间的关系的基础上，主要通过在设计过程中，充分考量当地传统文化、结合地域文化特点完成园林绿化设计、将地域文化融合到现代园林景观设计中这三点内容，深入探讨了在园林景观设计中，充分凸显地域文化的途径。在后续发展过程中，相关设计师及管理单位，必须进一步重视地域文化在园林景观设计中的应用，以此来凸显当地在人文、自然等方面的特点，并通过现代园林景观设计与地域文化之间的融合实现文化的传承和发展，避免园林景观设计上的同质化，最终达到推动城市建设的目的。

第七节 园艺技术与园林景观设计

园林景观所涉及的范围广泛，并备受人们的关注。在设计阶段，还应随着时代的变化而呈现出不同时期的发展形式，因此设计师需要将新时期园艺技术融入园林景观的设计过程之中，与现代社会发展相符合，以达到最佳的效果。

随着我国城镇化和“五位一体”战略思想理念的深入，人们逐渐开始关注自身的精神文明建设情况，对生活的具体环境和实际的居住条件也提出了更高的要求。传统的园林景观设计很难满足人们的要求，所以现代园林设计还需要把现代的园艺技术和景观的设计结合起来，才能够更好地推进城市化发展。

一、园艺工艺以及园林景观设计的内容

园艺工艺的主要内容有植物栽植的园艺技术和具有观赏性的园艺技术两种类型。具有观赏性的园艺技术主要指的是植物的栽培、养护。在这个行业不断发展的过程中，园艺的具体工艺内容也融入了大众需求这一方面。

园林景观设计的主要内容：这种设计工作是以园林本身所具有的地理位置和环境作为工作开展的基础保障，通过所包含的设计工作的具体方法和相应的技术内容进行实际工作的开展，这一点与当地的具体环境和地理位置优势以及植物的特点都有着直接的关系，只有把这些内容相互结合，才能够为园林的具体景观创造带来全新的环境和场地。

二、现代园艺技术与园林景观结合的具体策略

（一）园林景观设计的山水元素

在实际园林景观设计工作开展的过程中，山与水元素是整体设计工作中最为基础性的内容，其在现代园艺技术中的应用，需要保证符合山水的自然性特点，这也是园林景观设计工作的首要法则。一般情况下，在园林景观实际设计工作开展的前期，相关工作人员要明确景观定位，如餐馆类

型的、公园类型的或是商务旅行和社区类型的景观，这种定位对于后期的园艺技术施工工作的开展有着非常重要的影响。

不同的类型在设计过程中所需要的技术也是不一样的，在园林的具体景观设计工作中，为了能够有效满足其所应用的目标群体，设计师还需在具体的施工阶段通过现代化园艺工作所具有的技术，根据目标群体的需求来增添山水元素。这样不仅能充分地展现山和水自身所具有的自然元素特点，还能保证园林景观与自然环境保持高度的一致，也能够为游客呈现出返璞归真、融入大自然的场景。

园林设计需要遵守以人为本的原则。例如，在进行商务类型的园林设计过程中，设计师需要密切地关注商务景观的具体布置情况，以及整个布置是否与自然环境协调一致。相关的人员应针对内部的具体情况进行分析，找到合理有效的布景和设置方法，更好地满足商务人员在活动过程中所提出的园林需求。同时在园林景观设计中，相应的部位可以进行假山的排列，在假山的顶部融入流水孔，呈现一种高山流水的效果，营造商务氛围。

（二）园林景观设计的人文元素

在园林景观设计过程中，人文元素是非常重要的、具有辅助性特点的一项内容，人文元素所包含的不仅是建筑空间，也有道路、游客可以休息的板凳，甚至垃圾桶。所以针对现代社会中所提出的园艺技术内容，在园林景观设计的具体应用中，设计师还需要重点关注园林景观具体空间区域的利用情况，提高有效利用率，进而创建出最新形态的设计方法和思想理念，再运用到道路、板凳以及垃圾桶等设施上，凸显出其自身所具有的实用性和美观性特点。这样的设计才能够符合现代社会发展的需求，也能够让游客在观赏过程中感受到这些设施的实用性和设计师的用心之处。

在空间的具体设计工作中，设计师需要有针对性地进行考量，了解现代园艺技术具体落实的效果，按照相应的条件，合理地进行检查和划分，充分考虑阳光对整个园林景观的照射情况，以及树木和植被生长的自然条件，与此同时，设计出凉亭、走廊、楼阁等供人休息的区域，以体现以人为本的设计理念。

（三）建筑造型的设计

建筑在园林景观中也有着不可忽视的作用，其整体的造型设计也是园艺设计工作中的关键环节，建筑造型最终设计得好与坏，将直接影响园林设计的整体效果。目前，徽派的建筑风格有着较高的应用频率，明清的建筑风格由于能结合古今的特点，所以也备受建筑师和游客的喜欢。这两种建筑风格在具体的设计方面有针对性地运用了园艺景致的特点，因此，在设计上有锦上添花的效果。

建筑物造型设计工作的开展，需重点结合园艺景致的特点，保证其园艺景观能够起到提高美感的作用。随着国内市场竞争压力的不断增加，很多企业都开始关注园林工程的具体开展，在商务建筑景观中合理有效地运用商务景观的设计，才能够真正地体现出其所具有的价值和实际应用效果。工作侧重点在于室内的景观和硬性的景观内容，其强调的就是在设计过程中所包含的空间性和立体化的效果，目的是有效地排解游客在工作过程中所产生的压力和紧张感，避免出现焦躁的情绪，利用优美的景观和绿色的视觉感官，平复游客的心情。

随着我国现代化建设脚步的不断加快，我国的整体国力得到提升。国家对于现代的园林技术有着更加深入的研究，并且逐渐增加了资金投入，随着高科技发展的不断成熟，园林景观的设计工作逐渐开始注入新鲜的血液。所以，现代的园艺技术和园林景观之间的结合，也需要专业人员给予大力支持，以促进可持续发展。

第八节　园林景观设计与视觉元素

随着社会经济的快速发展，园林景观建设项目愈发增多，景观设计得到了高度重视，实践证明，通过在园林景观设计中加入视觉元素的应用，能够在很大程度上提高设计效果以及建设水平，使得园林景观建设具备较强的艺术性、技术性。基于此，本节针对园林景观设计中视觉元素的应用进行深入分析，提出一些看法和建议，以供参考。

通过研究园林景观的设计，可以分析出对应城市的发展情况，园林景观的设计对于美化城市环境、改善生态环境有着重要作用。近年来我国城市环境不断发生变化，人们对于生活环境的要求逐渐提高，因此在打造生态型园林景观设计的同时，还要充分重视其观赏性，通过美化环境，给人们提供良好的休闲娱乐场所。

一、园林景观设计中视觉元素的应用意义

就人体感官而言，视觉感官最为直接、突出，同时是我们获取信息的主要途径，人体在视觉作用下和外界接触、收集信息，然后指导行为活动的实施，并引起情绪的变化。眼睛是用来接收外界事物的“窗口”，通过视觉、触觉以及知觉形成了对事物的感觉，这也是从感性认知到理性认知的过渡。外界的色彩、光线等透过视网膜刺激人体的感受，然后通过外观映射到大脑，可以说视觉的作用就是把人体对外界事物产生的第一印象保留下来。由此可见，在设计园林景观的过程中，要凸显环境艺术，可以通过应用琥珀、植被等视觉符号，来给观赏者传递各种信息。

二、园林景观设计存在的问题

目前有些设计师在开展设计工作时，首先存在刻意模仿的问题，简单来说，就是把那些成功的案例照搬过来，设计出来的方案风格相似，连植被种类的选取都是一样的，根本没有考虑到当地气候、土壤的特性，致使植物的成活率不断降低，成本费用的投入加大，建设效果也不理想。在彰显地方特色方面，一些南方内陆城市照搬江浙小桥流水的园林景观设计方

案，致使这些园林样式相同，缺少新意，引起观赏者的视觉疲劳。其次，出于招揽更多游客的目的，有些设计方案中提出了大量引进发达国家珍贵稀有的植被品种，斥巨资的同时殊不知外来物种已经严重威胁到本土物种的生存发展，对生态环境造成破坏。最后，就是植物种类单一，并没有展现出生物的多样性特点，也没有对景点内同物种的数量进行管控，导致相同植物的数量过多引起审美疲劳。以丹北镇新桥上游路道路景观提升工程为例，其方案设计存在的问题就在于植被稀少且缺乏层次性，并不能凸显出本地产业文化氛围。而后有关设计人员提出了改进措施：应用乡土树种，科学、合理配置道路绿化，并在其节点处增设文化标志小品，大幅度改善了建设效果。

三、园林景观设计中视觉元素的应用策略

（一）园林景观设计中“点”的运用

在自然世界中，核心的视觉元素就是“点”，其虽然是物体中的最小单位，但经过不断的转换就可以变成“线”“面”。在开展设计工作时，设计人员要充分利用视觉元素，不断地丰富园林景观设计内容；通过把“点”放到特定位置，吸引人们的目光，达成理想设计效果。以神德寺遗址公园景观设计为例，该项目位于陕西省铜川市耀州区，规划占地面积约为 18.6 万平方米。神德寺塔也叫宋塔，坐落于耀州城北步寿塬下，作为城内北侧制高点，同时还是耀州古城和新城的关联点。在进行设计规划时把神德寺

塔作为主要点，依托历史文脉基础，重点突出塔的重要性。因此设计者在公园景观设计中，结合周边自然资源，遵循生态先行的原则，重点凸显自然山水风光，通过应用南北高差造成的视觉变化，建设出一条景观主轴线，阶梯式呈现出建筑景观，使景观空间丰富多样。

（二）园林景观设计中“线”的运用

在进行设计规划时，通过“点”的规律连接形成了“线”，“线”也可以给人带来不一样的视觉效果，科学合理地应用“线”的特点，有利于增强景观建设的美观性。不同的运用情景必然会产生不同的应用效果，比如园林景观中包含了长桥、长廊、围栏等“线”元素，因为其具备“直”的特点，所以会给人造成坚毅的视觉感受，凸显严肃性。在设计过程中，首先通过“线”的应用，彰显其主体性；其次，“线”还具备多元化特点，搭配方式不同，带来的视觉效果也会不同。

（三）园林景观设计中“面”的运用

“点”“线”结合就形成了“面”，在园林景观设计中，“面”的应用通常体现在两个方面，即实面和虚面。一般情况下，建设景观内部的草坪、广场应用的是实面；建设景观内部的湖面、水池，应用的是虚面。把“点”“线”“面”三者放到一起进行比较，带来视觉冲击最强的无疑是“面”，通过对“面”进行科学合理的使用，可以使园林景观的轮廓更加清晰、丰满，创建出良好的格局。其中，效果较为显著的就是在三维空间中的应用，通过组建不同形状、颜色的面，能取得更加理想的视觉效果。

（四）园林景观设计中空间的运用

在设计园林景观时，还有一个非常重要的元素，就是空间的应用。在空间元素高于其他视觉元素的基础上，通过对空间元素进行科学、合理的搭配，会取得不同的空间设计效果。一般情况下，空间设计包括二维空间、三维空间、矛盾空间以及图式空间等，通过对空间元素进行科学转换、组合、排序，可以大幅度增强视觉冲击效果。基于此，设计人员在开展实践工作时，需要合理掌握空间的变化，充分了解人们对于视觉以及心理冲击方面的感受，使设计效果具备虚实相生、高低错落的特点。依然以神德寺遗址公园景观设计为例，耀州城四面环山，环抱漆、沮两河，从远处看呈现出舟形，而位于城区北端的神德寺塔就好像是船的桅杆，同时它也是这座城市发展和变化的历史见证者。神德寺公园是城市中的制高点，其不单单是彰显城市天际线的核心节点，更是管控城市整体建筑高度、体量的基础依据。

（五）园林景观设计中历史环境、遗迹的应用

在进行园林景观规划时，设计师还应科学、合理地使用历史环境以及遗迹，并且保证不会肆意篡改。以杭州西湖西进景区的规划设计为例，设计师通过自然的景观建设营造出独特的美景，并且还重现出历史环境中的古上香水道、杨公堤等，给园林景观建设锦上添花。再例如，西湖的西泠印社，其位于山体陡坡处，距离湖面非常近，并不适合修筑，但是建设成文学爱好者聚会用的山林别墅，则在很大程度上提升了园林的实用性、艺术性。庭院的格式布局从整体上看就像一枚印章，结构和功能得到了有机

结合，在精心规划以后，游览线路变得更加丰富多彩，园林里的门牌、石阶、小桥等建筑物上的题刻生拙古朴，就好像刻章的刀法一样，把印章元素完美融入进园林规划里，使得游园就像赏印一样。

（六）植物配置的应用

植物配置要层次分明，以防出现单调的问题。采取花卉、绿草、乔木等不同种类植物进行多样化的艺术搭配，既可以丰富景观内容，又可以增强视觉效果。例如，选择高 10 米的枫树、5 米的桧柏、3 米的红叶李和 1 米的黄杨球进行统一搭配，由高到低进行排列，以此体现层次分明的原则，分层搭配不同的花期，能够延长整体园林景观的观赏时间。因此，在设计中，要确保科学、充分利用好每一种植物资源，建设具备当地特色的园林景观。

第五章　现代园林景观设计创新

第一节　湿地景观园林设计

本章对湿地景观园林设计进行了全方位的分析，首先简要概述了湿地及湿地景观的科学内涵以及湿地景观园林设计的价值与功能，其次详细阐释了湿地景观在现代园林景观设计中的应用，接着深入剖析了当前我国湿地园林设计中存在的问题，最后笔者在结合自身多年专业理论知识与实践操作经验的基础上提出了几点建设性的策略。

一、湿地及湿地景观的科学内涵

湿地是地球上水陆相互作用形成的独特生态系统，湿地的类型多种多样且为人类提供了丰富的自然景观，湿地在陆生和水生生态系统中起着过渡作用。而湿地景观是指以湿地为园林设计的主要对象，致力于不断改革创新与优化升级湿地景观模式，还能够综合城市的湿地类型与面积进行园林的绿化设计。

二、湿地景观园林设计的价值与功能

一是吸收二氧化碳并对区域气候进行调节。湿地景观园林与大气之间进行持续的物质和能量交换，尽可能吸收人类活动产生的二氧化碳，增加空气中的含氧量。

二是净化水质的同时降解污染，通过地表径流与水平地下水流来有效改善水体污染，还可借助丰富多样的生物群落来净化水质，以物理过滤、化学合成与生物吸收的方式降解有害物质。

三是对遗传和生物多样性具有保护作用。湿地景观园林被称为物种的基因库，它储藏着大量的遗传基因信息，是生物进行演替的场所。

四是起到良好的蓄洪防旱作用，因为湿地地区大多位于低洼地带，具有独特的天然优势。

三、湿地景观在现代园林景观设计中的应用

（一）人工湿地需注重对水体的维护及循环利用

人工湿地在城市景观的运用，应该注意水体的循环，致力于在系统间形成良性循环并净化水质，通过物理、化学与生物过程重视景观效果与人类的关系，细节化处理湿地边界并以人为本，尤其对于大面积湿地的景观边界应考虑到水位的不定时变化，在不影响湿地过滤与渗透作用的前提下打造出良好的生态景观。再者，城市湿地公园生态景观的规划设计应该适当引进生态与景观效应良好的植物，充分体现出湿地景观的乡土性特征。

（二）对湿地环境进行合理的景观设计

这就需要做到把握好植物和水面间的比例关系，严格按照土壤中含水量的差异和水深选取、放置植物，进而形成造型奇特的植物空间，还可以在湿地景观的周边优先选取具有季节变化的耐湿植物，或者采取多丛片状的种植方式，根据湿地生态系统固有的特性来进行绿化。另外，要想充分发挥湿地生态系统的作用，还要科学合理地设置一定的休闲旅游产业，针对生物群落的改造与建立，应优先考虑利用其原有的植物种子库，在植物布景方面要注意避免平面植物配置的距离，形成疏密有致、高低错落的空间层次，尽可能选择原生植物以便增强植物的适应性。

（三）以大面积自然湿地为主，防止过度开发湿地

一方面，尽量按照水系的自然特点建造生态廊道，对于湿地资源较好的湿地游览保护区要严格限制游人数量，以保持湿地环境的完整性为宗旨，防止人类无节制的开发与破坏，对于大面积湿地的景观边界还应该考虑到水位的不定时变化。另一方面，湿地景观内的服务区和部分游憩区道路可以运用灌木或草本花卉进行简单朴实的道路绿化，注重与农田林网的配套复合建设并使得生态效益得到最大限度发挥，同时注重保持一定比例的高绿地率或高覆盖率控制区，退化湿地恢复区的植被规划要以恢复湿地生态效应为主要目的，在引进物种前要做好生物安全监测工作。

（四）当前我国湿地景观园林设计中存在的问题

1. 功能布局不够科学合理

所谓功能布局不合理，主要是指在湿地生活区和景观区布局没有严格按照基本的园林设计规则执行，过多的功能性建筑物严重破坏了湿地生态系统的循环机制，直接造成废水泛滥等污染问题，又或者是许多湿地景观的设计理念较为传统陈旧，设计的方案也难以彰显城市独特的历史文化特色。再者，在设计过程中没有充分发挥主观能动性，人工处理过多，破坏了人与自然和谐相处的原则，难以促进湿地内植物与生物的健康茁壮成长，更是直接导致湖泊的自净能力出现缩减，严重违背了我国倡导的绿色可持续发展战略。

2. 环保意识严重缺乏

当前我国湿地景观园林设计中存在的另一大缺陷就是环保意识严重匮乏，难以实现利用湿地环境的自净能力来调节人类对环境的污染，没有在保护生态平衡的基础上追求美感，许多从事湿地景观设计的人员不具备丰富的专业理论知识与实践操作经验，对待工作玩忽职守且不够认真负责。再者，没有按照动植物的生长特点来对湿地园林进行规划设计，湿地园林景观中的建筑物设计雷同，园林中的功能布局不符合大众需求，进而使得功能发生冲突。总之，希望上述问题引起相关专业负责人的广泛关注与重视，并且及时采取有效的措施予以解决。

四、提升湿地景观园林设计质量的有效策略

（一）更新设计理念，加强环保意识

在湿地景观园林的设计过程中，设计人员必须要按照科学合理的创造性理念设计出符合具有中国特色的园林景观，不能单纯片面地追求经济利益而出现湿地景观千篇一律的情况。设计人员应该始终秉持“实事求是、与时俱进、开拓创新”的原则来更新设计理念，始终以增强自身的专业理论知识与实践操作经验为出发点与落脚点，充分调动其内在的主观能动性与积极创造性，更要对自然资源进行合理开发利用。相关的城市建设部门要对破坏湿地园林环境的行为进行批评教育，对湿地园林进行日常维护。

（二）推动旅游项目的引进

湿地园林管理者可以考虑引进湿地自然观光度假旅游与探险，利用湿地自然景观与优越的生态环境开展多种生态观光项目，统筹兼顾好湿地生态文化旅游与湿地生态科考科普旅游，凭借生态文化旅游促进区域文化特色的保护，提高区域文明程度，还可以举办鸟类鉴赏与知识讲座、观鸟夏令营与观鸟比赛等生动活泼的参与性活动。另外，在规划时设置集高效农业、休闲度假、旅游农业与科技示范于一体的农业生态园，让游客认识渔猎文化与稻作文化，尽情享受田园风光的愉悦快乐。湿地景观还要充分挖掘出宗教建筑、民间风俗与历史文化遗迹等潜在的珍贵文化资源，更好地造福广大人民群众。

综上所述，本书对湿地景观园林设计的探究分析具有重要的现实性意义。众所周知，湿地是全球三大生态系统之一，虽然湿地面积仅占地球表面积的 8%，但是湿地却是全球 30% 已知物种赖以生存的栖息地，科学合理的湿地景观不仅有利于创造良好的社会经济、生态效益，还有利于美化环境，为广大人民群众创造良好的绿色空间。湿地景观致力于维持好历史文化特征、现代生态理论与中国古典园林艺术之间的动态平衡，这也是解决当前城市开发与湿地保护之间矛盾的双赢途径之一，致力于追求更高层次、更新奇的旅游活动形式与内容，进而从根本上促进我国社会经济的协调稳定和可持续发展。

第二节 城镇山地园林景观设计

经济增长促进了我国人民生活水平的提高，特别是城镇居民的日常生活发生了很大变化，对精神层次的追求也有着明显的提高。城镇山地园林景观已经逐渐进入人们的视线，由于受到特殊地形的影响，与自然环境很好地融合在一起，园林景观格外引人注意，同时这也离不开设计者的规划与设计。本节介绍了城镇山地园林景观设计的原则，分析城镇山地园林景观的构成，进一步探讨城镇山地园林景观的设计方法，为有关设计人员提供一些参考。

城市山地园林景观最明显的特征就是地形地貌，有山顶、有缓坡、有谷地，形成了一幅美丽的自然景观，但土质结构也受地形地貌的影响，通常缓坡或谷地的土质较好，适合绿色植被的生长，而山顶等较高位置的土质由于受到风化与侵蚀的影响而比较贫瘠，普通植物不容易在这种环境下生长。因此，在城市山地园林景观设计中，设计师要考虑到土质结构的变化，选择相应的树种进行栽植，同时结合其他环境因素，采用现代化设计手段，促进城镇山地园林景观长足、稳定地发展。

一、城镇山地园林景观设计的原则

（一）保护性原则

城镇山地园林景观的设计，要在保持原有生态环境的基础上进行设计，包括生物、植物的保护，尤其是具有本土特色的乡土树种要重点保护；在设计中要合理选配植物种类，避免树种之间造成不良影响，还要结合山地园林景观土质的特点，选择相适应的植物加以引进和栽植。同时，在种植绿地时，要保护原有的野生花草，保持生态系统的平衡性。

（二）合理性原则

山地园林景观建设的目的是提高人们生活环境的质量，因此，设计要以生态平衡为基底，要协调绿化与自然生态的关系。同时，要合理搭配植物种类，使植物之间和谐共存，形成合理的复层群落结构，植物之间有着明显的相互促进作用；避免把相克的树种栽植在一起，比如落叶松与云杉就不相适应，容易出现病虫灾害。

（三）统一性原则

城镇山地园林景观的设计要考虑到每个景观区域之间的联系，使每个景区都能形成相互呼应、相互衬托的紧密关系。设计既要达到美化要求，又要与自然环境相融合，实现自然过渡的效果，保持设计的统一性。比如在设计草地种植面积时，要减少建筑物的设计，增加草地绿化面积。在设计自然生态风景林区时，要设计好不同林种的布局。在整体结构上要有山靠山、有水依水，规划好地形设计，形成统一、协调的城镇山地园林景观。

二、城镇山地园林景观的构成

（一）自然景观

山地园林的自然景观，其主要特征是拥有起伏的山势，并且土壤类型较多，根据不同的山势与土壤，形成不同特色的自然景观。比如山地的山脊与山谷构成了景观空间的边缘与轮廓，分别承载着不同的景观功能与元素。地势平缓的区域可以设置建筑物，为人们提供居住或者娱乐的场所，山峰较高的位置可以种植绿色植被，构成绿色的山地景观，给人一种返璞归真的视觉感受。

自然景观中还包括蕴含在山体内的水系，水流的速度与山势的高低形成或急，或缓的水景，蜿蜒依山而下，不管是瀑布还是湖泊，都是凭借山地而形成的自然景观，山水之间相互映衬，透露出浓厚的自然气息。

另外，在山地自然景观内，还生长着大量的植物群落，它们是自然景观中的重点构成之一。这些植物群落会随着山势的变化而变化，在山势比较陡峭的地方，植物群落的变化会非常明显，在地势平缓的地带通常没有太多的变化。同时这些植被还受山地小气候的影响，在山地的阳面生长的植被一般都比较喜阳、耐旱，而在山地阴面则生长着耐阴的植物。其中还有一些具有明显地域特色的乡土树种，彰显着别具一格的风土人情。

（二）人工景观

在建设山地园林景观的过程中，设计师经常根据山势的变化而使用挡墙来划分各个活动区域，结合景观的主题设计出不同形式或色彩的挡墙，再加以装饰和增强挡墙的艺术感、观赏感。使用不同的材质会给人不同的视觉感受，比如木质的挡墙会给人以天然、质朴的感觉，毛石挡墙则透露出粗犷、豪放的感觉。设计师通常会因地制宜，在满足原有功能的基础上，设计出与自然景观相协调的挡墙，给山地园林景观增添别样的游赏情趣。

山地园林中的园路是人工景观的主要部分之一，是为了游客的游玩而建，并且具有引路的作用，引导游客到各个景观游赏。通常山地园林景观中的园路都是依山而建，根据山势的变化而实现景观交通的功能。园路具有多样性，布局自由，在复杂的山势环境下，园路会以蛇形的弯道展现在游客面前，游客在蜿蜒的园路中行走时，可以看到不同的景观画面。还有的园路会以“之”字形或螺旋状构成交通系统，有效缩短道路长度。一些山势比较高耸的园林通常还会辅以缆车来解决纵向的园路交通。

人工景观还包括为游客提供的服务设施，比如座椅、垃圾桶等，方便游人的同时，还要考虑到山地地形的限制，要以自然景观为主，辅以人工景观，形成相互呼应、相辅相成的山地园林景观。减少人工景观的布局，可以给人一种回归自然的真实感受，进而提高山地园林景观的观赏性、艺术性与自然性。

三、城镇山地园林景观的设计方法

（一）结合山地环境设计

地形地貌变化较大是城镇山地园林景观的主要特点，因其直接影响园林景观场地的使用功能，因而建设的园林景观形态各异，并且由于空间特性的完全不同，据此可以设计出不同功能的景观活动场所。比如，地势相对较为平坦的地形，可以根据景观的综合需求，设计别致的实用型景观；而地势相对陡峭的地形，可以种植树木，或者设计成为游人提供娱乐设施的场所，比如徒步、爬山、攀岩等。山地园林的地形地貌同样影响着土质结构，而植物群落则受土质结构的制约，因此，设计师在设计时要考虑到山地气候、土壤类型，选择相适的品种来进行栽植树木，结合山地环境设计园林景观，从而降低园林景观建设成本。

（二）结合空间结构设计

山地景观中经常可以看到顺着山势而建造的曲折小径，它们纵横交错，这也是山地园林景观流动空间的显示。设计师在进行城镇山地园林景观设计时，要结合空间结构进行设计，把空间布局与流线组织融合在一起，在原有自然生态结构的基础上，建设富有多样性的景观层次感。空间结构设计主要是强调游客在游览的过程中，在视觉以及心理上产生的变化，由不同的空间结构、视觉主体以及轮廓组成的设计，能给人以不同的感受，而其他类型的园林景观大多使用平面空间设计，表现不出复杂的空间层次，不具备山地园林景观的空间结构优越性。由此可以看出，结合空间结构设计，实现景观立体化，能够突出山地园林景观应有的特质。

（三）结合文化传承设计

山地园林景观要比平原景观的视线更为丰富，这得益于受山地起伏影响而产生的不同视觉变化，更能表现出本土文化特色。因此，设计师在设计中要存古求新，尽量显示出对传统文化的传承，还能体现出时代设计感；可以通过不同形式的建筑来搭建自然景观与人文景观，协调景观之间的比例，使建筑的轮廓、色彩与景观中的植被、山体相映成趣。这样游客通过山地园林景观中的制高点，可以把园内景观尽收眼底，形成对山地景观的整体认知，从中了解本土文化的基本特色。

在城市山地园林景观设计过程中，设计师要结合当地的地方经济、地理环境、风土习俗以及民间艺术等多种要素进行综合性考量，每种要素都要合理规划与设计，特别是对山地的特殊地质结构，进行有目的性的利用与改造，同时还要注重建筑物、水面、植被等方面的合理布局，不能只考虑施工方便或经济效益，要以保护原有的生态环境为出发点，进行景观种植规划，实现园林景观设计科学化、现代化与合理化，促进社会效益、经济效益、生态效益的共同发展。

第三节　农业园林景观设计

农业园是依据生态环境，以农产品为可利用资源而建设起来的。农业园建设要充分彰显农业特色，实现自然与农业的完美统一，这就对农业园林景观设计提出了更高要求。本节尝试从不同方面探索现代农业园林景观设计，分析了现代农业园林景观设计的要点，提出了农业园林景观设计需要注意的事项，以期为园艺工作者们提供一些参考。

伴随着我国城镇化进程的加快，社会经济水平的不断进步，城市居民的生活节奏越来越快，工作压力不断增加。因此，在我国大部分城市建设中，农业园林景观设计已经引起了社会各界人士的广泛关注，同时，农业与工业之间也越来越趋向于完美统一，推动了农业的转型与升级。

一、现代农业园林景观设计要点

（一）充分彰显园林设计特色

农业园林景观要想吸引更多的游客，在设计中应注意避免与城市景观的雷同，最大限度地彰显地域特色，体现当地民俗习惯，展示独特的农业环境。并在此基础上，避免与城市景观的相互渗透。

（二）确保农业园林景观整体到细节的和谐性

众所周知，在设计农业园林景观时，涉及的设计内容包括花、鸟、虫、鱼、水果、蔬菜等。不同的设计内容之间要有关联性，才能从整体上体现和谐统一。当然，不同的设计内容具有独立性，要确保园林景观设计在细节中体现出设计内容的美感，做到局部布局合理。

（三）规划好园林景观设计的整体格局

农业园林景观设计的初衷是满足城市居民回归自然，体验原始生活的需求。因此，在整体格局设计方面，设计师要尽量运用周围环境中的可利用资源，如山水。在选址时，主要考虑山水资源，如果没有山水资源，再去挖掘其他可利用自然资源。

二、现代农业园园林景观设计需要注意的事项

（一）重视生态环境问题

生态环境问题是农业园林景观设计中需要考虑的基础性问题，从总体上来看，需要科学合理地利用生态环境资源，以不破坏生态环境为主要的设计思路。目前，大多数园艺工作者采用生态规划法。所谓生态规划法，顾名思义，把生态环境问题充分考虑到农业园林景观设计中，制定具有可行性的园林规划，最大限度地保护生态环境。具体来讲，在农业园林建设中，要重点保护土地资源，采用环保的施工方式，保障土地使用得当，并进行科学合理的土地规划。这种做法既能节约土地资源，也能使得种植和生产更科学，充分展示农业园林的魅力与风采。

另外，农业园林景观设计要集生产和观光于一体，不同地域的人们生活习俗、农作物都有着一定的差别。因此，要结合不同的内容进行设计，充分彰显地方特色。

（二）充分考虑农业生产在农业园林景观设计中的作用

众所周知，农业园里拥有各种各样的农作物资源，而农作物的生产也体现了农业园的技术特色。园林景观一方面为游客们提供了丰富的农产品，另一方面也提供了优美的观光体验，丰富了游客们的娱乐方式，使游客们的身心得到愉悦，满足了他们对农家生活的向往。

从农业园的功能来看，农业园既可以是内容丰富的综合性农业园，又可以是主题相对单一的农业园。但无论是哪一种农业园，都需要具备最基本的生产功能。因此，要把农业园的农作物生产融入农业园林景观设计中，以提升农业园经济收益，实现经济效益的最大化，科学合理地规划生产用地，以满足景观设计需求。

（三）秉持生态可持续发展原则

农业园一般建设在风景优美的山区，除了地理优势外，也充分发挥了农业园的生态效应。农业园从属于自然的一部分，要确保生态环境的可持续发展，科学合理地布局绿化面积，让自然景观与绿化带有机融合，实现对自然环境的优化。把乡土文化融入农业园园林景观设计中，设计的农业园林景观要充分体现出特色文化内容、民族习俗、历史文化等要素，使农业园更具文化内涵。游客在观光时，除了能增长农业知识外，也会对当地的风土人情有所了解，这有利于保护以及传承地域文化，提升整个农业园的文化品位。

综上所述，现代农业园林景观的设计要充分彰显园林设计特色，确保农业园林景观整体到细节的和谐性，并规划好园林景观设计的整体格局。在今后，还需要相关专家学者在重视生态环境、充分考虑农业生产在农业园林景观设计中的作用以及农业园秉持生态可持续发展的原则等方面进行进一步的分析与研究。

第四节　园林景观设计中的水景营造

在我国城市园林景观的设计中，水景设计是一项不可或缺的内容。这是因为，首先水景景观能够使得园林景观更加生动，有动静相结合的美感，有可持续性，而且水景也符合人们的审美情趣等；其次就是水景景观在园林景观中显得更加动态化和自然化，也更加具有现代园林风格。

一、水景创意的重要性分析

（一）水景创意使得园林景观更加具有柔化空间的美感

整体的城市园林景观设计当中通过融入水景艺术，不仅可以表现出真实的流动感，而且该种方法还有着很强大的柔化作用。水景艺术可以更好地将人们带入整体的感受空间当中，也可以很好地提升空间的活跃程度，同时也为人们的生活空间增添几分乐趣，真实地将各种情景进行结合。比如通过设计出水的倒影或是使用光影的变化，可以呈现出不同的艺术效果，也可以很好地柔化空间，给整体的艺术作品和环境增加生动的气息，显得人们的生活空间不至于单调或者乏味。

（二）水景创意使得园林生态更加多样性

在对城市园林进行整体设计的时候，水景的设计可以很好地反映出整体生态系统的多样化。在城市建设过程中，自然资源、森林资源以及水资源等相互结合，形成一个统一的生态体系，呈现给人们保护生态环境的信息。而且在创作水景艺术表现生态多样化特性的同时，也需要遵循可持续发展的理念，坚持低碳和环保，最大限度地保护我国的生态环境。水景园林景观多样化可以具体表现在瀑布的融入设计、人工湖的融入设计以及其他一些有关水元素的融入等方面。

二、园林景观设计中水景具有的一些特性

根据园林整体建设工作的需求，利用水元素设计出立体化的动感效果，就使得园林景观艺术作品更加具有魅力。这就是立体动感的整体应用特点。园林景观的设计中融入水景的设计可谓锦上添花，如果设计师再充分利用上现代的科学技术手段，在园林景观设计当中融入一些嗅觉、视觉和触觉等元素，就可以充分表现出水景创新创作的运用特性。

三、在园林景观设计当中营造水景的主要方法和手段

（一）充分采用动静结合的方法

整体园林景观设计当中，最主要的水景营造方式就是采用动态和静态相互结合的方法，通过两者之间的结合，可以更好达到相应的艺术效果；可以使用喷泉来表现出相应的艺术形式，同样也可以采用涌泉等其他表现艺术的形式。这些形式可以进行多种样式的水态图案表演，比如半球图态的展现、扇形图态的展现等。在众多的表现形式当中，具有代表性的作品有很多，如部分音乐喷泉场所成功地将音乐、水彩、光彩等完美地结合在一起，为人们呈现出多种多样的奇妙景象，而且还可以使观赏者有冰火两重天的绝妙感受，让人大开眼界。动态和静态相互结合的方法运用非常普遍，比如流动的水和自然奇特景观相互结合的景观，就属于静态和动态的相互结合；建造的人工瀑布和其他方式的瀑布，都能给人们带来不同的艺术魅力感受。

（二）发挥水景和照明的烘托作用

在园林景观设计当中，水元素就是必不可少的一个元素，如果不能充分地利用好水元素，那么就不能很好地起到相关的作用效果。花园照明的重要对象不单单是动态的水景，还应该包括静态的水景。不管是潺潺流水的小溪还是飞流直下的瀑布，各种各样的水景形式都有着非常动人的魅力。尤其是在晚上，效果更加明显。比如漓江的夜景，在周围灯光的映照下，更能展现出丰富多彩的夜观景象，这给整体的漓江带来了魔幻般的效果，

这种效果得益于水景和照明的共同烘托作用。

（三）充分利用水景和植被的氛围

全面营造城市园林水景设计，应该充分注意到水与植被的有效结合，通过采用借景和对景的方法，可以产生俯视、仰视等不同的视觉艺术效果。这样就可以很自然地将水草、芦苇以及各种水生植物等有条不紊地布置在整体的生态环境当中，也可以使植物与水景相互依存和相互调养，而且也可以显而易见地展示水元素的作用效果，使游客体会到整体艺术氛围。在整体的艺术氛围当中，植物组成非常重要，植物可以种植得有远有近、有疏有密，未来会形成更加柔美的线条；也可以在水边种植垂柳，起到更强的美感作用，也能形成一种鲜明的层次感觉，更加富有趣味，还可以种植一些落松等小型水型植物。

（四）水景设计当中的动植物搭配

为了充分发挥出各种作用效果，水景设计中可以合理地搭配各种动物和植物。植物选择也有着各种各样的要求，首先就是水质必须要健康干净，而且水中植物尽可能使用与水体形态和水体规模相适应的植被，这样才可以使整体显得更加舒适。而且搭配植物时要严格注意植物之间的疏密情况，合理地规划植物生长所需要的蔓延空间，避免出现分布不均匀或者是间隙过小的现象。

除了种植植物，通常还可以在水中饲养一些动物，一方面不仅可以增强整体水平的审美强度和美感，而且也保护了水样的多样性，避免出现单一的现象。为了确保动物更好地生长，一般都是选择当地的动物物种，这样就不会出现生长不适应的现象。而且还要严格根据水域的区域面积来确定饲养动物的数量，不能出现数量过多或者是过少，要严格地遵循自然规律，特别要强调的是，一定要在水中建立起一定的食物链，只有这样才可以确保动物的正常生长。

四、园林水景设计的发展趋势

（一）更加注重水景的生态功能

人类要想更好可持续发展，就必须要充分地尊重自然、顺应自然。当然随着目前我国经济的迅速发展，人们的生活水平普遍提高，人们保护环境的意识也在逐渐增强。因此我们在设计园林水景的时候，就要融入生态意识，而且还要将实现生态文明社会作为一个整体目标，这样才能不断向前发展。比如一些比较成功的活水公园在设计的时候就充分落实了生态理念。

（二）要将当代水景设计与传统美学充分结合

目前我国整体的园林景观设计的重要理念仍然是传统的文化观念以及艺术理念，在这些理念当中还体现出了一种历史文化的传承。在运用传统文化元素的时候不能用拿来主义，而是要辩证地理解。由于园林景观设计在传统发展过程当中，已经形成了被社会普遍认可的多种风格和形象，而且涉及的内容和美学特征也都被充分肯定，可谓具有了一定的基础，如果在传统美学的基础上再加入现代水景设计，融入一些新的特点，那么就可以使现在的水景设计与历史文化有机结合，更加体现出现代水景设计的美感。

城市园林景观水景在设计的时候，不仅需要充分考虑动静结合、色彩的相互搭配、山水的相互融合、光彩的运用技术等，而且还要充分考虑各个城市的发展，不断地提升整个城市的魅力。所以水景设计需要全面考虑，从各个方面逐步研究，逐渐解析出当前城市园林景观设计的理念，把水元素充分地运用于城市园林建造之中。

第五节　园林景观设计的生态性

当前，我国正在全力倡导构建绿色和谐的生态文明社会。为响应号召，现代化城市、现代化景区正积极向绿色、生态景观方向发展。从长远的角度来分析，为改善人们的生活环境，园林景观在设计时融入生态理念则具有重要的现实意义，既不失景观美感，同时也可维持园区内部的生态平衡。对此，本节从生态园林景观设计的原则出发，深入探讨了生态理念在园林建设中的实践应用，旨在促进我国生态环境的健康可持续性发展。

一、生态园林景观设计的原则

（一）满足社会人文生态需求

园林景观的设计首先应满足社会人文生态的需求。当前随着国家经济发展水平的不断高升，人们的生活节奏在日益加快，一系列的压力也随之而来，园林景区除了具备基本的旅游功能以外，还可为人们提供一个绝佳的游憩空间，充分满足人们内心回归大自然的渴望，通过塑造生态和谐的园林景观，不仅能够给予人们美的享受，而且还可以愉悦身心，彰显人文社会的风范。

（二）凸显地域文化特征

每个地域都有着自身独特的文化特征，文化相当于地区的灵魂，因此园林景观的设计切不可盲目追求新意，而忽略了真正的文化内涵。地域文化主要体现在地区的社会习俗、文化形态、生产生活方式等方面，例如我国有悠久的关陇文化、中原文化、吴越文化等，所以园林景观在设计时必须尊重且传承地域文化，向人们展示出地域生态园林景观独特的灵魂美。

（三）维持园林景观生态平衡

生态园林景观设计的关键是要维持内部的生态平衡，唯有如此才可推动我国建设生态文明社会的进程，并尽早实现可持续性发展的伟大战略计划。在具体的实践过程中，设计师可通过充分调动物质循环、能量流动、信息传递等功能，来维持园林景观的生态平衡，这有助于阻止生态环境恶化，还能引领生态系统逐渐向协调平衡的方向演变。

（四）保护园林生物多样性

保护生物多样性是生态园林景观设计时所要遵守的核心原则，相关工作人员需要为景区挑选和引进品种优良且适应力较强的植物，以丰富园林景区的植物种类，增强内部生态稳定性，并显著降低植物病虫害的发生率，同时也可提升园林的观赏价值，促进园林的生态和谐以及可持续性发展。

二、生态性理念在园林景观设计中的应用分析

在一些发达国家的园林景观设计领域，生态性的设计理念早已得到落实。随着我国社会经济的发展，这一理念的实现也不再是空谈，人们对于居住环境、工作环境等的要求越来越高。园林景观设计师在实际工作中要实现园林景观的生态性，首先要注重生态的内在与本质；其次要重视自然的发展过程，提倡资源与物质的循环使用，加强园林景观的自我保持能力；最后要利用可持续发展的处理技术，将上述概念运用到实际园林景观设计中去。

（一）平衡性与注重改善理念的体现

在园林设计中体现平衡或均衡的理念是体现生态性的核心，生态平衡体现的是研究个体与环境的联系，注重两者之间的相互作用，目前较为常见的园林景观改造就是在一些废弃工厂区域进行设计，侧重于改善当地的污染环境并注重美观。设计师在实际工作时需要将改善原有生态条件为工

作的前提，从垂直与水平两个角度去分析问题，在垂直方向注重不同植物的分层关系，提高植物的抗逆性；在水平方面，注重面积与分布的问题，将整体的布局设计与自然环境相融，并且在设计中，要符合因地制宜的设计理念，重视园林景观与环境之间的均衡。

（二）体现风景协调性的设计

不同的植物种类在每个季节所呈现的姿态也不尽相同，为了随时展现园林景区的美观和生机，就需要注重风景协调性。设计人员需要切实掌握植物群落的特点，结合生态发展指标，合理搭配植物种类，使园林在不同的季节都能绽放光彩。其间需要始终秉持尊重自然规律的原则，避免因过度追求新意而反其道行之，注重保护景区建设的生态多样性，同时结合社会人文需求，在设计中融入现代城市建设理念，分区规划，使不同的植物群落区域能够满足不同人群对于景观的需求，从而增强生态园林景观的实用性，推进人与自然生态的和谐。

（三）以节约能源为核心

从上文中的分析可知，植物的培养是体现园林生态性的核心。众所周知，绝大多数植物在生长、保养阶段都需要用很多水，而这些水只有一部分能被植物所吸收，大部分的水都流入了下水道，造成了一定的水资源浪费。所以，怎样科学、合理地运用与节省水资源成为生态型园林景观规划的核心问题。首先，设计人员要充分了解植株的特性，在园林中乔灌木、草木等植物对水资源的需求都有所不同。以草坪为例，草坪的耗水量巨大，在园林设计中草坪的面积一般较大，为水资源的消耗带来了一定隐患。所以，从生态节能的观点出发，设计师在规划过程时应尽量减少草坪的覆盖面积，注重提高乔灌木等耗水量较小的植物的覆盖面积。此外，在园林的水喷洒系统中，应尽可能选用小孔的洒水喷头，对待不同的植物要选择不同的功率，合理安排每类植物供水时长。若园林设计师选用滴灌的方法，则应根据当地的天气进行灌溉。在此需要注意的一点是，要尽量避免在干旱时期对植物进行剪枝或上肥工作，否则会加快植物生长速度，加大植物的用水量。在园林景观设计中，不仅要注重水资源的节约，在其他资源上也要做到节约，秉承着设计工作以节约能源为核心，这样才可以满足我国可持续发展的要求。

在园林景观的设计中体现生态化是目前园林设计的大趋势，设计者要注重内在生命力的体现，而不是简单地去体现“绿色”，“绿色”的园林设计不一定具有生态性。上文中说道，在实际设计中要注重均衡、协调、再生、可持续等理念，这些方面的核心在笔者看来就是生命力的体现。设计者可以参考自然环境中的一些植被，借此体现园林设计的内涵，还需要注意的是，在设计方案中要避免因过于强调效果图而忽视了实用性，过分依赖电脑视图而忽视了现实。

第六节　低碳园林景观的设计

低碳理念在园林景观设计中的融入，不仅能够改善城市居民生活的舒适程度，还可维持社会健康可持续发展以及城市的生态化建设。园林景观设计者应从实际出发，因地制宜，设计出符合城市发展特点、绿化需求、低碳环保的园林景观，提升园林设计水平。本节简单阐述了园林景观低碳化设计的重要性，分析了低碳概念下的设计原则，并在此基础上提出几项主要设计措施。

我国园林的发展历史悠久，但“低碳”二字的提出则缘于地球不可再生资源短缺以及温室效应下人类对自身发展以及城市化发展做出的长远规划。自人类社会发展步入工业时代以来，城市化建设、工业生产等多个领域大量使用地球不可再生资源，温室气体含量增多导致地球生态危机持续加强，全球变暖现象逐步严重，环境问题逐渐受到重视。随着社会经济的发展以及社会文明的进步，人们在生活质量要求提升的同时，必须认识到各种城市建设对资源合理利用以及环境保护方面的必然要求。从园林建造以及园林设计方面来看，低碳理念的应用势在必行。

一、园林景观低碳化设计的重要性

随着城市化建设脚步的不断加快，城市规划者以及景观建设者都逐渐认识到了风景化园林景观对城市发展、城市绿化的有益影响。而其设计环节则应更重视绿化、环保、低碳等相关理念的有效运用。花草树木由于品种的不同，在生长习性、生长条件、生长环境、生长寿命、美观程度等方面均存在差异性，对不同种类绿化植物有规律地布局，能够让各类植物形成一个有机整体，充分发挥出美观绿化的功能。

低碳化园林景观不仅能为城市增添一道绿色风景，还能够让城市居民感受到经济发展环境下城市所体现出的人情化与舒适的氛围，城市的发展与植物组群还能达到交相辉映的效果。但若在设计过程中不应用低碳理念，导致园林景观的存在造成城市碳排放量增加或无法起到环保绿化作用，会直接影响到园林景观存在的必要性。目前不少城市将园林景观设计在城市主干道路两旁，充分利用植物资源，采用植物组群式布局的方式作为主要设计方案。例如，沿线种植雪松、白蜡、国槐等适龄规格的树木，并组团式配备木槿、女贞、剑麻、黄杨球、连翘等小型植物，局部栽植凤仙草、狼尾草、矮牵牛等地被植物。在色彩艳丽、节奏明快、层次分明的植物布局安排下形成一道靓丽的生态风景景观，这便是低碳景观设计的体现。换言之，低碳园林设计不仅是美化城市的有效手段，还能达到改善城市整体面貌、净化城市空气的效果。

二、低碳园林景观设计原则

（一）材料低碳原则

园林景观的设计，首先应确保各项材料的应用都处于低碳环保状态，尽可能减少废弃物的排放量，减少碳成本。在设计及建设的每个环节中控制二氧化碳的排放以及废物量的排放，控制能源消耗，从根本上让园林景观呈现出低碳状态。

（二）持久化原则

园林景观的设计需要以生态环境保护为主要目标，在设计前仔细勘察现场，合理利用各类资源，科学合理地展开设计。同时，设计应坚持持久化原则，考虑到城市发展规划以及城市本身的景观设计方向，在景观的养护、建设等环节控制能源消耗，让景观能够在城市中持续发挥美观、环保、绿化的作用，避免使用周期过短导致浪费。

（三）施工环保原则

对于园林景观而言，设计环节除了需要应用低碳理念外，还应考虑到园林建设中期以及后期维护阶段可能出现的能源消耗，或对环境产生的不良影响。设计师需认识到低碳的发展是一个循环、动态、持续化的过程，因此在设计之初便要考虑机械使用、土方挖掘等方面的能源消耗，在管理模式上，要对各类植物景观的养护做到低碳化。因此，在设计中，可适当增加绿地面积，让低碳二字彻底落实到实处。

（四）量化原则

量化原则要求园林景观设计师将低碳理念的相关数据量化，通过更科学的数字化规划，达到更精准的低碳化设计要求。如充分考虑到碳排放量，并对二氧化碳排放进行准确计量，从而提升能源利用率。在量化原则下，设计师能够让园林景观设计对生态生活环境以及社会发展起到更积极的作用，让低碳理念的应用落实到实处。

三、低碳园林景观设计的主要措施

（一）合理安排建设材料

在低碳化设计过程中，设计师首先应考虑到低碳材料对景观设计在可持续发展以及环境保护方面的重要性，使用温室气体排放量小、污染小、能源消耗低、可循环使用、使用周期较长的新型材料，并且材料最好具备可回收性和再生产性。低碳材料需大量应用于铺筑园林道路、构建景观建筑等方面，在设计传统园林景观时，选用的钢筋混凝土结构，可以用木结构材料代替，减少温室气体排放。同时，可推广再生能源的利用，例如，加大景观设计中重复或补充利用沼气、生物质能、潮汐能、水能、太阳能、风能等能源，尤其是目前的太阳能及风能，不仅可以增加园林的科技含量，还可以让园林景观呈现出现代感。

（二）水体景观的低碳设计

随着园林景观设计感的逐渐加强，水体景观在园林景观中的组成比重逐渐加大。水是重要组成元素，能够让园林景观更具活泼性、生动性。设计师在设计过程中，不仅需要强调水体景观对园林整体的动态化效果，还应注重它的生态性设计。首先，在选址方面，其设计基础在于地形与自然水源，园林景观若是能靠近自然水源，则减少水能源的消耗，避免因过度追求水体景观建设而出现的电力浪费；其次，在辅助设施设计方面，音乐与灯光往往是水体景观的标配，但不应过度强调这些辅助设施，否则会造成电力浪费；最后，在水体景观中，可适当配备水体植物，这样不仅可以增强景观效果，还可以达到生态化作用并净化水体，增加观赏性及景观寿命。

（三）充分利用自然资源

园林景观的低碳化设计也是低碳经济的一种，不仅需要达到环境保护效果，还应从能源节约上着手，尽可能使用水能、风能、太阳能等自然资源控制经济成本，建设绿色园林。在施工与设计阶段，电力资源与水资源是最常见且宝贵的资源类别。例如，回收和再利用水资源，可增强雨水的综合使用进行喷洒或二次灌溉。在植物设计安排上加大底层土壤渗透率，让水资源能够得到良好的储存与利用。在城市发展过程中，紧张的土地资源阻碍了园林景观的大规模建设，因此，必须充分利用土地资源，采用立体绿化与垂直绿化的方式，充分利用房屋建筑墙体、居民屋顶、城市吊桥等位置，以藤蔓植物满足城市绿化需求，达到吸收二氧化碳、去除尘霾、美化城市景观的作用。

综上所述，低碳园林景观的设计需考虑到园林的发展背景、城市发展需求、绿化建设方向、资源利用程度等多个角度，在设计上遵循低碳、持久、环保、量化原则，充分利用现有资源，最大限度提升绿化率，同时控制电能等不可再生能源的消耗，让园林的存在真正为城市持续化建设添砖加瓦。

第六章 基于生态学的现代景观艺术设计

第一节 生态景观艺术设计的概念

景观设计作为我国艺术设计教育的一门新兴学科，虽然研究时间不算长，但发展却很快，它是一个应用实践性专业，一直都是相当热门的学科。随着研究与实践领域的不断扩大与延伸，这门学科的交叉性、边缘性、综合性特征越来越明显。

学习景观设计首先要了解景观是什么，要对这门学科的内容和概念有基本的了解。那么景观设计是什么呢？就环境因素而言，景观设计可以分为自然景观和人文景观两大类：自然景观是指大地及山川湖海、日月星辰、风雨雷电等自然形成的物象景观；人文景观则是指人类为生存需求和发展所建造的实用物质，比如建筑物、构筑物等。目前人们大都认为景观设计指的是对户外环境的设计，是解决人地关系的一系列问题的设计和策划活动。这样的解释比较笼统，不够准确，如何去定义景观学科，也是业内一直争论和讨论的话题。至今为止，在众多的解释中，还没有一个确切的定义可以完全涵盖它。在对具体景观概念的认知上，业内人士也有许多不同的见解。在日常生活中我们发现，即使面对同一景观的空间内容，不同职业、不同层次的人群产生的感知结果也会存有差异，这与人的文化修养、价值观念、生活态度、审美经验等有很大的关联。建筑是景观，遗迹也是景观，风景园林、各行业工程建设乃至建造过程都是景观。除此以外，江河湖泊、日月星辰、海市蜃楼也都可以称为景观。景观是一种既可以囊括大范围，又可以缩小到一树一石的称呼。

早期的景观概念和风景画有着密切关系，在欧洲，一些画家热衷于风景画的描绘，描绘对象多为自然风景和建筑，且能达到景观风景的效果，因此景观和风景画便成为了绘画的专业术语。1899 年，美国成立了景观建筑师学会；1901 年，哈佛大学开设了世界上第一个景观建筑学专业；1909 年，在景观建筑学专业中加入了城市规划专业。1932 年，英国第一个景观设计课程出现在莱丁大学，至此景观设计进入了多范围、多层面的研究与探讨。1958 年，国际景观建筑师联合会成立，此后世界各国相当多的大学都设立了景观设计研究生项目，在此之前的景观设计项目主要还是由建筑师和一些艺术家完成的。

随着人类文明的不断发展和进步，人类克服困难的能力不断提高，对生存环境质量的要求也不断增长，对居住环境的综合治理能力也在不断增强，不断改良的结果更增添了人类改造自然、追求美好环境的欲望。从最原始的居住要求来看，人类对住所的基本要求首先是预防自然现象对人类基本生活的破坏和侵扰，比如防御风雨雷电、山洪大火等自然灾害的袭击；其次是预防野兽的侵扰。发展的动因则是人类思想的不断进化、自身要求的不断增长和创造力的驱使。

景观设计是一门学科跨度很大的复合学科，对景观设计的研究不仅需要大量的社会知识、历史知识和科学知识，还需要层次深入和面积宽泛的专业知识。我们对景观设计的理解主要体现在城市规划、建筑、城市设施、历史遗迹、风景园林等可供欣赏、有实用功能或某种精神功能的具体物象方面。为了方便和深入研究，人们对景观设计还进行了一些详细的划分，如城市规划设计、环境设计、建筑设计等。《牛津园艺指南》对景观建筑做了这样的解释：“景观建筑是将天然和人工元素设计并统一的艺术和科学。运用天然和人工的材料——泥土、水、植物、组合材料——景观设计师创造各种用途和条件的空间。”这句话对景观设计中关于建筑方面的内容解释得非常明确，而我们这里只是把建筑景观作为景观设计中的一个组成部分来理解。景观设计师 A. 比埃尔在《景观规划对环境保护的贡献》中写道：“在英语中对景观规划有两种重要的定义，分别源于景观一词的两种不同用法。解释①：景观表示风景时（我们所见之物），景观规划意味着创造一个美好的环境。解释②：景观表示自然加上人类之和的时候（我们所居之处），景观规划则意味着在一系列经设定的物理和环境参数之间规划出适合人类的栖居之地……第二种定义使我们将景观规划同环境保护联系起来。”她认为景观规划应是总体环境设计的组成部分。通过这些解释，我们能够了解景观设计的大致范围和包含的主要内容，但这还不能涵盖景观设计的全部内容，因为景观设计的内容是扩散的，并在不断地边缘化，同时会有新的内容补充进来，所以对它的理解与研究必须是综合的。景观设计涉及的学科众多，再加上科学、艺术在不断创新和进步，各种文化之间相互渗透，使得多元文化设计理念与实务得以不断发展。

不断出现的环境破坏与环境保护和可持续发展之间的矛盾与解决方法的循环往复，使人类对景观设计的认识和理解不断加深。由于新矛盾、新问题不断出现，新的认识和解决方法也不断被探讨、研究和应用。对于景观设计研究来讲，更深层次的探求必须在哲学、审美观念、文化意识、生活态度、科学技术、人与环境、可持续发展等方面深入展开。景观设计学的具体解释应该是怎样的呢？笔者认为，景观设计学是一门关于如何安排土地及土地上的物体和空间，来为人类创造安全、高效、健康和舒适的人文环境的科学和艺术。在区域概念中，它反映的是居住于此的人与人、人与物、物与物、人与自然的关系。作为符号，它反映的是一种文化现象和一种意识形态。它几乎涵盖了所有的设计与艺术，进入了自然科学和社会科学的研究领域。

第二节　生态景观艺术设计的渊源与发展

景观设计与人类的生活息息相关，它反映了人类的自觉意志，在整体形态设计的背后，隐藏着强大的理论基础、设计经验和个性主张。人类最早的景观设计活动，首先是对居所的建造活动，因为从有人类开始，其生存就要有基本的居住场所，从岩洞生活到逐步追求生存环境的质量，居住环境的规模、功能、实用性、美观性在不断扩大和提高。人类的才智、技能在发展过程中不断提高和发展，从对景观形态的体验上可以看出，人们追求的目的和意义不仅是视觉上的，更多起绝对作用的因素是心灵，这与人追求美的欲望有着密切的关系。尽管人们最初对景观设计理解的高度与深度有限，但从开始选择居住环境时就有环境设计的思想了。景观设计是最能直接反映人类社会各个历史时期的政治、经济、文化、军事、工艺技术和民俗生活等方面的镜子。通过对遗迹景观中诸多内容的考证与感知，我们可以真切地感受到不同社会、不同地域、不同历史时期的信仰、技术、人文、民风等诸多方面的具体信息，也会发现人们在不同文化背景中，尊崇着不同的信仰，有着不同的思维及行为方式。因为这些不同，设计者们创造出含有不同审美价值观念的景观，表现出独特的思维定式和生存习俗等方面的不同追求。在不同的地域，不同的民族在不同的历史时期，在共生共存的基础上，对文化的认识、理解、发展都存在独特性、片面性和局限性，而这些独特性、片面性、局限性的发展、演变、交流导致其不断自我否定与发展，这便是景观设计多元化发展的历史源流。

人类在漫长的社会发展中，始终在探求和发展人与自然的良好关系，随着时间的流逝，岁月的痕迹在自然和人为景观上留下深深的历史烙印。在遗址中我们可以看到生命和文化的迹象，这些具体的自然遗产和文化遗产，是人类印证历史发展的宝贵财富。20世纪末由于经济和人口的高速发展，我国城市规模迅速扩大，人地关系因此变得非常紧张。城市的发展给自然和文化遗产的保护带来了威胁和问题，特别是在商品经济高速发展的近现代，对环境和文化的破坏已造成了极其严重的后果，其中乱拆、乱建和对各种资源的污染，对相当数量的自然遗产和文化遗产造成了不可挽回的损失，虽然政府实施了许多有效保护措施，但有些已是无法挽回。近年来，世界遗产保护部门也加大了对自然遗产和文化遗产的保护力度，提出了对“文化线路”的保护与发展的新内容，加入了有关“文化线路”的建立与保护及其重要性的有关内容，把自然遗产和文化遗产一起作为具有普遍性价值的遗产加以保护，其核心内容就是要加强、加大对历史环境的保护范围。从街区、城镇到文化背景和遗产区域，对这些“文化线路”中不可或缺的具体内容加强保护，对自然和文化遗产的保护起到了推动、加强和反思的重要作用。特别是在以高科技和商业化推广为标志的高速发展中的国家，这显得尤为重要，具有现实意义和历史意义。在我国，有相当数量的文化旅游线路，因受到商业利益的驱使，其商业价值已远远超过了保护价值和文化价值，这是很值得我们深刻反思的问题。像中国这样一个具有悠久文明传统的国家，更应谨慎对待和深刻反思遗产保护的重要性和深远意义，应把保护放在第一位，保护就意味着文化的延续。这些原有的空间形态与秩序，叙述着不同文化和生活习俗以及在生产中不断改变的过程，一旦被毁坏将无法复原。而保护的最基本做法就是要放弃没有文化意义和科学论证的乱建、乱伐和急功近利的乱开发，坚决放弃以污染空气、河流和土壤为代价的污染项目。在“文化线路”的保护上,人们必须充分认识到，自然遗产和文化遗产具有不可再生的价值，一旦被破坏和摧毁，或者保护不力，将不可再生，而失去原本的实际价值。这种保护的意义，不仅体现在一处或多处的景观保护，更重要的还有它的真实历史背景和人文形态保护。在社会发展转型期，人们对此更应该理性对待和科学论证。

工业化的发展给地球村的建设与发展带来了空前的繁荣和巨大的利益，但有利必有弊，人与自然的关系问题，环境污染与保护问题，手工艺和人文环境的逐渐消失问题，经济建设与可持续性发展等，以及必须解决而又暂时不能解决的问题、矛盾变得越来越多，越来越深入到人们的日常生活之中。现代人向往农业化时代的空气、水质和自然的人文环境，但又喜爱工业时代的物质产品，希望充分享受舒适的物质化环境和全面的物质功能，并因此引发更高智慧、更为实用、更高科技含量的物质欲望，这种欲望在工业社会时期大有取代精神追求的架势，这也是工业化、信息化时代给人类造成精神与物质双重压力的主要原因之一。这主要是由现代人盲目崇尚物质与技术造成的。人们在开发物质能量的同时，在极度追求物质与技术的目标下，也创造了许多新的景观设计表现形式。由于不同思想的相互交融、相互影响，新思想也不断产生。人们对传统、历史、现在和未来有着完全不同的理解、行为和期待，多元化的思维与审美，使设计创造活动完全打破了原先尊崇的主流方式与方向，形成了百花齐放的发展局面。在利益的引诱下，不同声音、不同见解的内容与表达形式，使景观设计陷入了一个比较混乱的多元化创造时期。很多景观在设计上甚至违背社会的发展规律和文化背景，一味求异、求洋、求大，导致产生了一大批不伦不类的景观实物，这些没有民族历史感、失去文化底蕴、没有现实引导意义、没有可持续发展意义的"景观"，在不久的将来将会成为一堆文化垃圾。

人从本质上讲首先是自然的，其次是社会的。人类在自然景观和社会景观的意义中寻求不同心理的精神安慰，从自然的角度看待景观世界，地域文化和人的情感要同客观存在的景象达成共鸣，对物质产生的意义要从精神上认可，才能使二者相互交融并产生意义，达到人与物的相互交融，达到平衡存在的良好状态，这体现着较高层次的主客观审美追求。从这个层面上来看当下中国的工业化城镇景观状态，在规划与创建上似乎以追求工业化技术层面为先导的居多；忽视或放弃文脉传承、忽视人类情感因素的居多；以片面求异、求洋、求大为第一目的的居多；以物质和技术为先导，不考虑具体的文化背景与条件的居多。这种情况会给任何一种文化带去前所未有的冲击，甚至产生灾难性的后果，会使人与自然、人与社会、人与人之间产生较大的距离，并最终使人陷入孤独。

中国是一个以农业为主导产业的发展中国家，在改革开放、以经济发展为核心的过程中，逐步向以工业技术生产和产品加工为主的工业化国家发展，这是一种可喜的进步。但在景观规划上，特别是建筑景观的建设上，我们在没有充分的时间和空间条件准备下，大批量接纳和消化世界发达国家的科技和艺术成果，而这些实验成果，在某些方面又成为城市景观设计主流的趋势。在景观设计领域，对于以新思想、新技术为主导的设计与应用，我们在视觉和精神上都还暂时处于一种不成熟的兴奋与怀疑之中。对追求新的物态与结果表现出的热情、新奇、刺激、盲目要审慎对待，要用持续发展的态度来对待。工业化的景观设计在经济发达国家的发展是比较有序的，他们在这个过程中有比较充足的时间来论证和有序地拓展，理智地运用乃至输出他们的科技成果。而我们却以较短的时间，承受着发达国家百年以上科技成果的商业侵入，并且基本接受和实现了景观设计国际化这样一个事实。这个事实的快速实现，使我们的自我文化牺牲太大，历史景观日渐消失。在城镇的发展中可以看到，原有形态的传统文化环境已经模糊甚至已经没有了，过快过多的国际化景观环境使我们感到生存在一种人为的、技术的物质景观之中。这种没有个性的物质堆砌，展现的只是技术成果，与“以人为本”的精神层面渐行渐远，城市的规划与建设已基本脱离了我们的传统文脉，正以一种非常机械的、生硬的、陌生的物质化姿态出现。

景观设计是物质化的空间表现，这个物质化空间的生成会释放它承载的各种信息，如果一个城市没有历史与文化背景，它会是一个怎样的空间状态呢？本土文化是一个城市发展的灵魂，它使这座城市有历史感和归属感，它用自己的语言叙述自己的过往和现在。以本土文化特质的消亡来换取国际化风格的植入，是不理智和论证不充分的结果。本土文化是一个民族在历史的长河中经过长期的奋斗和积累而形成的民族文化财富，有其特殊的文化脉络和滋养方式。我们必须吸收和接纳一些工业化的、高科技的成果来发展我们的本土文化，但不是错位地跳入另一个陌生的脉络中盲目地销毁自己。所以景观设计者必须尽快探讨、寻求一些切实可行的、适合国情和地域文明发展的空间物质表现形式，来引导和适应这个转型期，并坚决以不失本土文化的存在和发展为前提。

实现以本土文化为主流的环境设计，充分利用工业化、高科技的优势，创造多元价值共存的和谐社会的景观环境，是景观设计师的追求和责任。

第三节 生态景观艺术设计的要素

一、地形地貌

（一）概念

地形地貌是景观设计最基本的骨架，是其他要素的承载体。所谓“地形”，指的是测量学中地形的一部分——地貌，我们按照习惯称之为地形地貌。简单来说，地形就是地球表面的外观。就风景区范围而言，地形包括一些复杂多样的类型，如山地、江河、森林、高山、盆地、丘陵、峡谷、高原以及平原等，这些地表类型一般被称为“大地形”；从园林范围来讲，地形包含土丘、台地、斜坡、平地等，这些地表类型一般被称为“小地形”；起伏较小的地形称为“微地形”；凸起的称为“凸地形”，凹陷的称为“凹地形”。所以对原有地形的合理使用（利用或改造地形），在没有特殊需求的情况下，尽量保持原有场地，这样能减少土方工程，从而降低工程造价，使自然景观不被破坏，这也是对地形地貌的最佳使用原则。

（二）功能作用

地形地貌在景观设计中是不可或缺的要素，因为景观设计中的其他要素都在“地”上完成，所以它有着较为重要的作用，主要体现在以下几方面：

1. 分隔空间

利用地形不同的组合方式来创造和分隔外部空间，使空间被分割成不同性质和不同功用的空间形态。空间的形成可通过对原基础平面进行土方挖掘，以降低原有地平面高度来实现；或在原基础平面上增添土石等进行地面造型处理；或改变海拔高度构筑成平台或改变水平面。这些方法中的多数形式对构成凹面和凸地地形都是非常有效的。

2. 控制视线

地形的变化对人的视线有“通”和“障”的作用与影响，通过地形变化中空间走向的设计，人们的视线会沿着最小阻碍的方向通往开敞空间，对视线有“通”的引导作用与影响。利用填充垂直平面的方式，形成的地形变化能将视线导向某一特定区域，对某一固定方向的可视景物和可视范围产生影响，形成连续观赏或景观序列，可以完全封闭通向不悦景物的视线，为了能在环境中使视线停留在某一特殊焦点上，视线两侧的较高地面犹如视野屏障，封锁住分散的视线，起到“障”的作用，从而使视线集中到景物上。例如，苏州拙政园入口处就利用了凸地形来屏障人的视线，从而起到了欲扬先抑的作用。

3. 改善小气候

地形的凹凸变化对气候有一定的影响。从大环境来讲，山体或丘陵对于采光和遮挡季风有很大的作用；从小环境来讲，人工设计的地形变化同样可以在一定程度上改善小气候。从采光方面来说，如果为了使某一区域能够受到阳光的直接照射，并使该区域温度升高，该区域就应使用朝南的坡向，反之则使用朝北的坡向。从风的角度来讲，在做景观设计时要根据当地的季风来进行引导和阻挡，地形的变化，如凸面地形、地、土丘等，可以用来阻挡刮向某一场所的季风，使小环境所受的影响降低。

4. 美学功能

地形的形态变化对人的情感生成有直接的影响。地形在设计中可以被当作布局和视觉要素来使用。在现代景观设计中，利用地形变化表现其美学思想和审美情趣的案例有很多。不管是凸地形、凹地形，还是微地形，不同的地形会给人以不同视觉感受，同时产生审美功能。

（三）地形地貌的设计原则

地形地貌的处理在景观规划设计中占有主要地位，也是设计中最为基础的部分，即地形地貌处理得好坏直接关系到景观规划设计的成功与否。所以我们在理解了地形地貌在景观规划设计中的功能作用的基础上，应了解地形地貌的设计原则。

地形设计的一个重要原则是因地制宜，即巧妙利用原有的地形进行规划设计，充分利用原有的丘陵、山地、湖泊、林地等自然景观，并结合基地调查和分析的结果，合理安排各种用地要求的坡度，使之与基地地形条件相吻合。如亭台楼阁等建筑多需高地平坦地形，水体用地需要凹地形，园路用地则要随山就势。正如《园冶》所论："高方欲就亭台，低凹可开池沼。"利用现有地形稍加改造即能形成自然景观。另外，地形处理必须与景园建筑景观相协调，以淡化人工建筑与环境的界限，使建筑、地形、水体与绿化景观融为一体。

二、植物

景观设计元素中唯有植物具有生命，这也是植物区别于其他要素的最大特征，这一特征除了体现在植物一年四季的生长上，还体现在季节的更替、季相的变化等方面。所以植物是一种宝贵的财富，如何合理地开发、利用和保护植物是当前面临的主要问题。

（一）植物的作用

1. 生态效益

植物是保护生态平衡的主要物质环境，它既能给国家带来长远的经济效益，又会给国家带来良好的自然环境。植被在景观生态中发挥的作用非常明显，它不仅可以改善城市气候、调节气温、吸附污染粉尘、降音减噪、保护土壤和涵养水源，还可以让人们在夏天免受阳光的暴晒，在冬天感受阳光透过枝干带来的温暖。植物叶片表面水分的蒸发和光合作用能降低周围空气的温度，并增加空气湿度。我国西北地区由于风沙较大，因此常用植物屏障来阻挡风沙的侵袭，植物屏障作为风道又可以引导夏季的主导风。深根系的植物、灌木和地被等植物可作为护坡的自然材料，保持水土不被破坏。在不同的环境条件下，设计者应选择相应的植物使其生态效益最大化。

2. 造景元素

植被通过合理配置用于造景设计，可以为人们提供陶冶精神、修身养性、休闲的场所。植物材料可作为主景和背景。主景可以是孤植，也可以是丛植，但无论怎样种植，都要注重其作为主体景观的姿态。植物作为背景材料时，应根据它衬托的景观材质、尺度、形式、质感、图案和色彩等决定背景材料的种类、高度和株行间距，以保证前后景之间既有整体感又有一定的对比和衬托，从而达到和谐统一的效果。另外植物本身还有季相变化，用植物陪衬其他造园题材，如地形、山石、水系、建筑等，构建有春、夏、秋、冬四时之景，能产生生机盎然的画面效果。

3. 引导和遮挡视线

引导和遮挡视线是利用植物材料创造一定的视线条件来增强空间感、提高视觉空间序列质量。视线的引与导实际上又可看作景物的藏与露。常用的构景方式有借景、对景、漏景、夹景、障景及框景几种情况，起到“佳则收之，俗则屏之”的作用。

4. 其他作用

植物材料除了具有上述的一些作用外，还具有柔化建筑生硬呆板的线条，丰富建筑外观的艺术效果，并作为建筑空间向景观空间延伸的一种形式。对于街角、路两侧不规则的小块地，用植物材料来填充最为适合。充分利用植物的“可塑性”，形成规则和不规则，或高或低，变化丰富的各种形状，表现出各种不同的景观趣味，同时还能增加环境效益。

（二）植物配置形式

植物配置是根据植物的生物学特性，运用乔木、灌木、藤本及草本植物等材料，通过科学和艺术手法加以搭配，充分发挥植物本身的大小、形体、线条、色彩、质感和季相变化等自然美。植物配置按平面形式分为规则式和不规则式两种，按植株数量分为孤植、丛植、群植三种形式。

1. 按平面形式划分

（1）规则式。这种配置方式适用于纪念性区域、入口、建筑物前、道路两旁等区域，以衬托严谨肃穆整齐的气氛。规则式种植一般有对植和列植。对植一般在建筑物前或入口处，如柏树、侧柏、雪松、大叶黄杨、冬青等；列植主要用于行道树或绿篱种植形式。行道树一般选用树冠整齐、冠幅较大、树姿优美、抗逆性强的树种，如悬铃木、马褂木、七叶树、银杏、香樟、广玉兰、合欢树、榆树、松树、杨树等树种；绿篱或绿墙一般选常绿、萌芽力强、耐修剪、生长缓慢、叶小的树种。

（2）不规则式。又称为自然式，这种配置方式是按照自然植被的分布特点进行植物配置，体现植物群落的自然演变特征；在视觉上有疏有密，有高有低，有遮有敞，植物景观呈现出自然状态，无明显的轴线关系，主要体现的是一种自由、浪漫、松弛的美感。植物景观非常丰富，有开阔的草坪、花丛、灌丛、遮阴大树、色彩斑斓的各类花灌木，游人散步可经过大草坪，也可在林下小憩或穿行在花丛中赏花。因此，这种配置形式可观赏性高，季相特征十分突出，真正达到“虽由人作，宛自天开”的效果。

2. 按植株数量划分

（1）孤植。孤植常选用具有体形高大、姿态优美、冠大浓荫、花大色艳芳香、树干奇特或花果繁茂等特征的树木个体，如银杏、枫树、雪松、梧桐等。孤植树多植于视线的焦点处或宽阔的草坪上、庭院内、水岸旁、建筑物入口及休息广场的中部位置等，引导人们的视线。

（2）丛植。丛植所选树木较多，少则三五株，多则二三十株，树种既可相同也可不同。为了加强和体现植物某一特征的优势，常采用同种树木丛植来体现群体效果。当用不同种类的植物组合时，要考虑植树的生态习性、种间关系、叶色和视觉等方面的内容，如喜光植物宜种在上层或南面，耐阴种类宜植于林下或栽种在群体的北面。丛植常用于公园、街心小花园、绿化带等处。

（3）群植，即自然布置的人工栽培模拟群落。一般用于较大的景观中，较大数量的树木按一定的构图方式栽在一起，可由单层同种组成，也可由多层混合组成。多层混合的群体在设计时也应考虑种间的生态关系，最好参照当地自然植物群落结构，因为那是经过大自然法则而存留下来的。另外，整个植物群体的造型效果、季相色彩变化和疏密变化等也都是群植设计中应考虑的内容。

以上所述的植物配置形式，往往不是孤立使用的，在实践中，只有根据具体情况，将多种方法配合使用，才能达到理想效果。

（三）植物配置原则

1. 多样化

多样化的一层含义是植物种类的多样化。增加植物种类能够提高城市园林生态系统的稳定性，减少养护成本与使用化学药剂对环境的危害，同时涵盖足够多的科属，如观花的、观叶的、观果的和观干的植物等，将它们合理配置，体现明显的季节性，达到春花、夏荫、秋色、冬姿的效果，从而满足不同感官欣赏的需求。另一层意思是园林布局手法的丰富多彩以及植物种植方式的变化。如垂直绿化、屋顶花园绿化等，不仅能增加建筑物的艺术效果，体现整洁美观，而且占地少、见效快，对增加绿化面积有明显的作用。

2. 层次化

层次化是充分发挥园林植物作用的客观要求，是指植物种植要有层次、有错落、有联系，要考虑植物的高度、形状、枝叶茂密程度等，使植物高低起伏、错落有致，将乔木、灌木、藤本、地被、花卉、草坪有序配置，常绿植物、落叶植物合理搭配，不同花期的种类分层配置，不同叶色、花色、高度的植物搭配，使园林植物色彩和层次更加丰富。

3. 乡土化

乡土化是植物配置的基础。乡土化一方面是指树种乡土化，另一方面是指景观设计体现乡土特色。乡土树种是指本地区原产的或经过长期栽培的已被证明特别适应本地区生长环境的树种，能形成较稳定的、具有地方特色的植物景观。乡土化就是以它们为骨干树种，通过乡土植物造景反映地方季相变化，其重点是管理方便，养护费用低。乡土化使每个城市都有特别适合自己的树种或景观风格，如果各地都跟风建大草坪、大广场，那城市的特点就没了，最后给人以千篇一律的面貌。因此，乡土化就是因地制宜、适地适树、突出个性，合理选择相应的植物，使各种不同习性的景观植物与其生长的土地环境条件相适应，这样才能使绿地内选用的多种景观植物常健康地生长，形成生机盎然的景观效果。

4.生态化

城市景观设计生态化的目的是改善生态环境、美化生态环境，增进居民身心健康。所以如何在有限的城市绿地面积内选用更能改善城市生态环境的植物和种植方式，是植物配置中必须考虑的问题。随着城市生态景观建设的不断深入，应用植物所营造的景观应该既是视觉上的艺术景观，又是生态上的科学景观。首先，城市景观应以树木为主，不能盲目地种大面积的草坪，因为树木生态效益的发挥要比草坪高得多，再就是草坪后期养护费用高。其次，城市景观绿化在植物的选择上要做到科学搭配，尽量减少形成单一植物种类的群落，注意常绿和落叶树种的搭配，使具有不同生物特性的植物各得其所。

综上所述，植物配置时，要综合以上几个原则，做到在空间处理上植物种类的搭配高低错落，结构上协调有序，充分展示其三维空间景观的丰富多彩性，达到春季繁花似锦、夏季绿树成荫、秋季硕果累累、冬季银装素裹的效果。

三、主次林荫道

林荫道在传统城市规划里充当着非常重要的角色，它不仅具有吸尘、隔音、净化空气、遮阳、抗风等作用，而且林荫道自身的形态空间也是一条美丽的风景线，它两边对称的植物所形成的强烈的透视效果具有戏剧性的美感与特色。对于林荫道的设计，最重要的一点就是不同区段的变化，而且每个区段要体现自身的特点，如色彩、密度、质感、形态、高低错落等，都要予以充分的重视，以充分体现景观内涵。

四、道路铺装

道路不仅是联系各区域的交通路径，还能通过不同形式的铺装在景观世界里起到增添美感的作用。道路的铺装不仅给人以美的享受，还有交通视线引导的作用（包括人流、车流），而且蕴含着丰富的文化艺术功能，如使用“鹿”“松”“鹤”“荷花”等象征长寿、富贵、吉祥的图案，在中国古典园林的铺装中寓意表现极为丰富。因此设计者应该根据场地类型、功能需求和使用者的喜好等因素来考虑使用哪一种铺装形式。当然，要做好铺装设计首先要了解铺装的作用和它的形式等内容。

（一）道路铺装的作用

人们的户外生活是以道路为依托展开的，所以地面铺装与人的关系最为密切，它所构成的交通与活动环境是城市环境系统中的重要内容，道路铺装景观也就具有交通功能和环境艺术功能。最基本的交通功能可以通过特殊的色彩、质感和构形加强路面的可辨识性、分区性、引导性、限速性和方向性等，如斑马线、减速带等。环境艺术功能通过铺装的强烈视觉效果起着提供划分空间、联系景观以及美化景观等作用，使人们产生独特的感受，满足人们对美感的深层心理需求，营造适宜人活动的气氛，使街路空间更具人情味与情趣，吸引人们驻足进行各种公共活动，从而使街路空间成为人们利用率较高的城市高质量生活空间。

（二）铺装的表现要素

景观设计中铺装材料很多，但都要通过色彩、纹样、质感、尺度和形状等几个要素的组合才能产生变化，根据环境不同，可以表现出风格各异的形式，从而造就了变化丰富、形式多样的铺装，给人以美的享受。

1. 色彩

色彩是情感表现的一种手段，暖色调一般表现为热烈、兴奋，冷色调表现为素雅、幽静；明快的色调能给人清新愉悦之感，灰暗的色调则会给人沉稳宁静之感。因此，在铺装设计中有意识地利用色彩变化，可以丰富和加强空间的气氛。如儿童游乐场通过使用色彩鲜艳的铺装材料，满足儿童的心理需求。另外景观园林在铺装上要选取具有地域特性的色彩，这样才可充分表现出景观的地方特色。

2. 纹样

在铺装设计中，纹样起着装饰路面的作用，它以多种多样的图案来增加景观特色。

3. 质感

质感是人通过视觉和触觉而感受到的材料质感。铺装的美在很大程度上要依靠材料质感的美来体现。不同的质感能创造不同的美感。

五、水景设计

水因具有流动、柔美、纯净等特征，成为很好的景观构成要素。“青山不改千年画，绿水长流万古诗”道出了水体景观的妙处。水有较好的可塑性，在环境中的适应性很强，无论是在春夏，还是秋冬均可自成一景。水是所有景观设计元素中最具独特吸引力的一种，它能带来动的喧嚣、静的平和以及韵致无穷的倒影。

（一）水体的形态

在水景设计中，水有“静水”“动水”“跌水”“喷水”四种基本形式。静态的水景，平静、幽静、凝重，其水态有湖、池、潭、塘及流动缓慢的河流等。动态的水景，明快、活泼、多彩、多姿，多以声为主，形态也丰富多样，形声兼备；动态水景的水态有喷泉、瀑布、叠水、水帘、溢流、溪流、壁泉、泄流、间歇流、水涛，还有各色各样的音乐喷泉等。

水能起到美化作用，同时，水景设计可以通过各种设计手法和不同的组合方式，如静水、动水、跌水、喷水等，把水的精神表达出来，给人以良好的心理享受和变幻丰富的视觉效果。人又具有天生的亲水性，所以水景设计常常成为环境设计中的视觉焦点和活动中心。

（二）水景的设置原则

1. 景观性

水体本身就具有优美的景观性，无色透明的水体可根据天空、周围景色的改变而改变，映射出无穷的色彩；水面可以平静而悄无声息，也可以在风等外力条件下变化异常，静时展现水体柔美、纯净的一面，动时发挥流动的特质；再通过选用与水体景观相匹配的树种，会创造出更好的景观效果。

2. 生态性

水景的设置，一定要遵循生态化原则，即首先要认清自然提供给我们什么，又能帮助我们什么，我们又该如何利用现有资源而不破坏自然的本色。比如还原水体的原始状态，发挥水体的自净能力，做到水资源的可持续利用，达到与自然的和谐统一，体现人类都市景观与自然环境的相互交融。

3. 文化性

首先要明确水景是公众文化，是游人观赏、休闲和亲近自然的场所。所以要尽量让人们在欣赏、放松的同时，真正体会到景观文化的重要性，进而达到人们热爱自然、亲近自然、欣赏自然的目的。水景设计应避免盲目模仿、抄袭和缺乏个性的做法，要体现地方特色，从文化出发，突出地区自身的景观文化内涵。

4. 艺术性

不同的水体形态具有不同的意境，通过模拟自然水体形态。如跌水，在阶梯形的石阶上，水泄流而下；瀑布，在一定高度的山石上，水似珠帘，成瀑布而落；喷泉，在一块假山石上，泉水喷涌而出等水景，从而创造出“亭台楼阁、小桥流水、鸟语花香”的意境。另外，可以利用水面产生倒影，当水面波动时，会出现扭曲的倒影，水面静止时则出现宁静的倒影。水面产生的倒影，增加了园景的层次感，展现了景物构图艺术的完美性。如苏州拙政园的小飞虹，设计者在该设计中把水的倒影利用得淋漓尽致。

（三）水景设计应注意的问题

第一，水景与建筑物、石头、雕塑、植物、灯光照明或其他艺术品组合搭配，能起到出人意料的理想效果。

第二，水容易产生渗漏现象，所以要考虑防水、防潮层、地面排水的处理问题。

第三，水景要有良好的自动循环系统，这样才不会成为死水，从而避免视觉污染和环境污染。

第四，水景设计容易忽略对池底的设计。池底所选用的材料、颜色会根据水的深浅不同直接影响到观赏的效果，所产生的景观也会随之变化。

第五，水景设计应注意管线和设施的隐蔽性设计，如果显露在外，应与整体景观搭配。在寒冷地区还要考虑结冰造成的问题。

第六，安全性也是不容忽视的。要注意水电管线不能外漏，以免发生意外。同时，要根据功能和景观的需求控制好水的深度。

第四节　生态现代景观艺术设计观

现代景观的设计观是景观设计中的一种指导思想或设计思路，通过设计观的运用，将主观上想要达到的效果客观地体现在设计场地中，以便形成各种合理的、舒适的、个性的、对立统一的、有文化底蕴的、能给人带来美感的空间环境。现代景观的设计必须遵循以下四种设计观。

一、人性设计观

现代景观设计的最终目的是要为人创造良好的生活和居住环境，所以景观设计的焦点应是人，这个“人”具有特殊的属性，指的不是物理、生理学意义的人，而是社会的人，他们有着物理层次的需求和心理层次的需求，这也是马斯洛理论提出的。因此，人性设计观是景观设计最基本的原则，它会最大限度地适应人的行为方式，满足人的情感需求，使人感到舒适。

设计应满足人的基本需要，包括生理和安全需要。景观设计要根据使用者的年龄、文化层次和喜好等自然特征划分功能区，以满足使用者不同的需求。人性设计观在设计细节上的体现更为突出，如踏步、栏杆、坡道、座椅、人行道等的尺度问题，材质的选择等是否满足人的物理层次的需求。

近年来，无障碍设计得到广泛使用，如广场、公园等公共场所的入口处都设置了方便残疾人的轮椅车上下行走及盲人行走的坡道。但目前我国景观设计在这方面仍不够成熟，如一些公共场所的主入口没有设置坡道，这对残疾人来说是极其不方便的，更有甚者就没有设置坡道，人性化设计观就更无从谈起了。另外，在北方景观设计中，供人使用的户外设施材质的选择要做到冬暖夏凉，这样才不会失去设置的意义。

二、生态设计观

随着高科技的发展，全球生态环境日益被破坏，人类要想继续生存，必须要重视它所带来的后果，因此，景观建设中如何将对环境的破坏和影响降到最低，成为景观设计师当前最应考虑的问题。生态设计观是直接关系到环境景观质量非常重要的一个方面，是创造更好的环境、更高质量和更安全的景观的有效途径。但现阶段，在景观设计领域内，生态设计的理论和方法还不够成熟，生态并不是指绿化率达到多少，实际上不仅仅是绿化，尊重地域自然地理特征和节约与保护资源都是生态设计观的体现。另外，也不是绿化率高了，生态效益就高了那么简单。现在有些城市为了达到绿化率指标，见效快，大面积地铺设草坪，这不仅耗资巨大，养护成本费用高，而且生态效益要远比种树小得多。所以要提高景观环境质量，在做景观设计时设计师就要把生态学原理作为生态设计观的理论基础，尊重物种多样性，减少对资源的掠夺，保持营养和水循环，维持植物生境和动物栖息地的质量，把这些融会到景观设计的每一个环节中去，最终实现生态保护最大化。

三、创新设计观

创新设计观是在满足人性设计观和生态设计观基础上，对设计者提出的更高要求。这就要求设计者思维开阔，不拘泥于现有的景观形式，敢于提出并融入自己的思想，充分体现地域文化特色，提高审美需求，进而避免“千城一面”“曾经在哪儿见过”的景观现象。要想做到这一点，设计就必须有创新性。如道路景观设计，各个城市都是千篇一律的模式，没有地方特色。越是这种简单的设计，越难创新，所以这对设计者是一种更严峻的考验。创新思维常常会给人们带来崭新的思考、崭新的观点和意想不到的结果，这也要求设计者具备独特性、灵活性、敏感性、发散性的创新思维，从新方式、新方向、新角度来进行设计，从而使景观设计呈现多元化的创新局面。

四、艺术设计观

艺术设计观是景观设计中更高层次的追求，它的加入使景观相对丰富多彩，也体现出了对称与均衡、对比与统一、比例与尺度、节奏与韵律等艺术特征。如抽象的园林小品、雕塑耐人寻味，有特色的铺装令人驻足观望，新材料的使用会引起人们观赏的兴趣。所以艺术设计可以使功能性设施艺术化。又如景观设计中的休息设施，从功能的角度讲，其作用就在于为人提供休息和方便的场所，而从艺术设计的角度来看，它不仅具有使用功能，还能通过其自身的造型、材料等特性赋予艺术形式，为景观空间增加文化艺术内涵。再如不同类型的景观雕塑，无论是抽象的、具象的，还是人物的、动物的，都为景观空间增添了艺术元素。这些都是艺术设计观的合理应用，对于现代景观设计师来说，应积极主动地将艺术观念和艺术语言运用到我们的景观设计中去，在景观设计艺术中发挥它应有的作用。

第五节　生态景观设计

一、景观设计在西方的发展背景

西方传统景观设计主要源自文艺复兴时期的设计原则和模式，其特点是将人置于所有景观元素的中心和统治地位。景观设计与建筑设计、城市规划一样，遵循对称、重复、韵律、节奏等形式美的原则，植物的造型、建筑的布局、道路的形态等都被严格设计成符合数学规律的几何造型，往往给人以宏伟、严谨、秩序等视觉和心理感受。

从 18 世纪中叶开始，西方园林景观营建的形式和范畴发生了很大变化。首先是英国在 30 年代出现了非几何式的自然景观园林，这种形式随后逐渐传播到欧洲其他国家以及美洲、南非、大洋洲等地。到 20 世纪 70 年代以后，欧洲从美洲、非洲、亚洲、大洋洲等地引进植物，通过育种为造园提供了丰富多彩的植物品种。这不仅有助于园林景观提炼和再现美好的自然景观，同时也使园林景观设计工作由建筑师主持转变为由园艺师主导。

19世纪中叶，英国建起了第一座有公园、绿地、体育场和儿童游戏场的新城镇。1872年，美国建立了占地面积约9000平方千米的黄石国家公园，此后，在许多国家都出现了保护大面积自然景观的国家公园，这标志着人类对待自然景观的态度进入了一个新的阶段。20世纪初，人们对城市公害的认识日益加深。在欧美的城市规划中，园林景观的概念扩展到整个城市及其外围绿地系统，园林景观设计的内容也从造园扩展到城市系统的绿化建设。20世纪中叶以来，人类与自然环境的矛盾日益加深，人们开始认识到人类与自然和谐共处的必要性和迫切性，于是生态景观设计与规划的理论与实践逐渐发展起来。

二、景观设计在中国的发展背景

中国的传统景观设计又称为造园，它具有悠久的历史。最早的园林是皇家园囿，一般规模宏大，占地动辄数百顷，景观多取自自然，并专供帝王游乐狩猎之用，历代皆有建造，延续数千年，直至清朝末期。唐宋时期，受到文人诗画之风的影响，一些私家庭院和园林逐渐成为士大夫寄情山水之所。文人的审美取向，使美妙、幽、雅、洁、秀、静、逸、超等抽象概念成为此类园林的主要造园思想。

无论是皇家园囿，还是私家园林，中国传统造园一贯崇尚“天人合一”“因地制宜”和“道法自然”等理念，将自然置于景观设计的中心和主导地位，设计中提倡利用山石、水泉、花木、屋宇和小品等要素，因地制宜地创造出既能反映自然环境之优美，又能体现人文情趣之神妙的园林景观。在具体操作中，设计师往往取高者为山，低者为池，依山筑亭，临水建榭，取自然之趋势，再配置廊房，植花木，点山石，组织园径。在景观设计中，讲究采用借景、对景、夹景、框景、漏景、障景、抑景、装景、添景、补景等多样的景观处理手法，创造出既自然生动又舒适宜人的景观环境。

三、生态景观设计的概念

随着可持续发展观念的普及，东方传统景观充分理解和尊重自然的设计理念得到景观设计界更多的认可、借鉴和应用。与此同时，西方当代环境生态领域研究的不断深入和新技术、新方法的不断出现，进一步使“生态景观设计”成为当代景观设计的新的重要方向，并在实践中得到越来越多的应用。

传统景观设计的主要内容都是环境要素的视觉质量，而“生态景观设计”是兼顾环境视觉质量和生态效果的综合设计，其操作要素与传统景观设计类似，但在设计中既要考虑当地水体、气候、地形、地貌、植物、野生动物等较大范围的环境现状和条件，也要兼顾场地日照、通风、地形、地貌、降雨和排水模式、现有植物和场地特征等具体条件和需求。

四、生态景观设计的基本原则

生态景观设计在一般景观设计原则和处理手法的基础上，应该特别注意以下两项基本原则：

（一）适应场地生态特征

生态景观设计区别于普通设计的关键在于，其设计必须基于场地自然环境和生态系统的基本特征，包括土壤条件、气象条件（风向、风力、温度、湿度等）、现有动植物物种和分布现状等。例如，如果场地为坡地，其南坡一般较热且干旱，需要种植耐旱植物；而北坡一般比较凉爽，相对湿度也大一些，因此，可选择的景观植物种类要多一些。另外，开敞而多风的场地比相对封闭的场地需要更加耐旱的植物。

（二）提升场地生态效应

生态景观设计强调通过保护和逐步改善既有环境，创造出人与自然协调共生的并且满足生态可持续发展要求的景观环境，包括维护和促进场地中的生物多样性、改善场地现有气候条件等。例如，生态环境的健康发展，要求环境中的生物必须多样化。在生态绿化设计中设计师可采用多层次立体绿化，以及选用诱鸟、诱蝶类植物来丰富环境的生物种类。

五、生态景观设计的常用方法

（一）对土壤进行监测和养护

在生态景观设计之前要先测试土壤营养成分和有机物构成，并对那些被破坏或污染的土壤进行必要的修复。城市中的土壤往往过于密实，有机物含有量很少。为了植物的健康生长，需要对其根部土壤进行覆盖养护以减少水分蒸发和雨水流失，同时应长期对根部土壤施加复合肥料（每年至少 1 次）。据研究，对植物根部土壤进行覆盖，与不采取此项措施的景观种植区相比，可以减少灌溉用水量 75%~90%。

（二）采用本地植物

生态景观中的植物应当尽量采用本地物种，尤其是耐旱并且抗病虫害能力较强的植物。这样做既可以减少对灌溉用水的需求，减少对杀虫剂和除草剂的使用，减少人工维护的工作量和费用，还可以使植物自然地与本地生态系统融合共生，避免由于引进外来物种带来对本地生态系统的不利影响。

（三）采用复合植物配置

城市中的生态景观设计一般采用乔木—草坪、乔木—灌木—草坪、灌木—草坪、灌木—绿地—草坪、乔木—灌木—绿地—草坪等几种形式。据北京园林研究所的研究，生态效益最佳的形式是乔木—灌木—绿地—草坪，而且得出其最适合的种植比例约为 1(以株计算)：6(以株计算) ： 21(以面积计算) ： 29(以面积计算)。

（四）收集和利用雨水

生态景观中的硬质地面应尽可能采用可渗透的铺装材料，即透水地面，以便将雨水通过自然渗透送回地下。目前，我国城市大多采用完全不透水的（混凝土或面砖等）硬质地面作为道路和广场铺面，雨水必须全部由城市管网排走。这一方面造成了城市排水系统等基础设施的负担，在暴雨季节还可能造成城市内涝；另一方面，由于雨水不能按照自然过程回渗到地下，补充地下水，往往会造成或加剧城市地下水资源短缺的现象；此外，大面积硬质铺地在很大程度上反射太阳辐射热，从而加剧了“城市热岛”现象。因此，城市生态景观设计，一般提倡采用透水地面，使雨水自然地渗入地下，或主动收集起来加以利用。当然，收集和利用雨水的方法可以是多种多样的。例如，在采用不透水硬质铺面的人行道和停车场中，可以通过地面坡度的设计将雨水自然导向植物种植区。悉尼某居住区停车场和道路的设计，使雨水自然流向种植区，景观植物采用当地耐旱物种。

当采用透水地面或在硬质铺装的间隙种植景观植物时，要注意为这些植物提供足够的连续土壤面积，以保证其根部的正常生长。建筑屋顶可以用于收集雨水，雨水顺管而下，既可用于浇灌植物，也可用于补充景观用水，还可引入湿地或卵石滩，使之自然渗入地下（在这个过程中，水受到植物根茎和微生物的净化）补充地下水。雨水较多时，则需要将其收集到较大的水池或水沟，其容积视当地年降雨量而定。水沟或水池的堤岸，可以采用接近自然的设计，为本地植物提供自然的生长环境。当雨水流过这个区域时，既灌溉了植被，又涵养了水源，还自然地形成了各类不同的植物群落景观。这是自然形成的景观，也是维护及管理费用最低的景观。

（五）采用节水技术

生态景观的设计和维护注重采用节水措施和技术。草比灌木和乔木对水的需求相对较大，而所产生的生态效应却相对较小，因此，设计师在生态景观的设计中，应尽量减少对大面积草坪的使用。在景观维护中，提倡通过高效率滴灌系统将经过计算的水量直接送入植物根部，这样做可以减少 50%~70% 的用水量。草地上最好采用小容量、小角度的洒水喷头。对草、灌木和乔木应该分别供水，对每种植物的供水间隔宜适当加长，以促进植物根部扎向土壤深部。要避免在干旱期施肥或剪枝，因为这样会促进植物生长，增加对水的需求。另外，可以采用经过净化处理的中水，作为景观植物的灌溉用水。

根据美国圣莫尼卡市（City of Santa Monica）的经验，采用耐旱植物、减少草坪面积和采用滴灌技术三项措施，使该地区景观灌溉用水减少 50%~70%，并使该地区用水总量减少 20%~25%。通过控制地面雨水的流向以及减少非渗透地面的百分比，既灌溉了植物，又通过植物净化了雨水，还使雨水自然回渗到土壤中，满足了补充地下水的需要。

（六）利用废弃材料

利用废弃材料建成景观小品，既可以节省运输、处理废料的费用，也能省去购买原材料的费用，一举数得。

六、生态景观设计的作用

生态景观设计注重保护和提升场地生态环境质量，生态景观的实施，能够产生广泛的环境效益，包括改进建筑周围微气候环境、减少建筑制冷能耗、提高建筑室内外舒适度、提高外部空间感染力、为野生动物提供栖息地，以及在可能的情况下兼顾水果蔬菜生产等。

（一）提高空气质量

植物可以吸收空气中的二氧化碳等废气和有害气体，同时释放出氧气并过滤空气中的灰尘和其他悬浮颗粒，从而提高当地空气质量。景观公园和林荫大道等为城市和社区提供一个个“绿肺”。

（二）改善建筑热环境

将落叶阔叶乔木种植在建筑南面、东南面和西南面，可以在夏季吸收和减少建筑的太阳辐射的热，降低空气温度和建筑物表面温度，从而减少夏季制冷能耗；同时在冬季树木落叶后，又不影响建筑获得太阳辐射热。为了提高夏季遮阳和降温效果，还可以将高低不同的乔木和灌木分成几层种植，同时在需要遮阳的门窗上方设置植物藤架和隔栅，使之与墙面之间留有 30~90cm 的水平距离，从而通过空气流动进一步带走建筑的热量。

建筑的建造过程会破坏场地原有的自然植物系统，建造的硬质屋顶或地面不仅能吸收雨水，还能反射太阳辐射热，并加剧城市的热岛效应。如果改为种植屋顶和进行地面绿化，则不仅可以增加绿化面积，提高空气质量和景观效果，还能为其下部提供良好的隔热保温和紫外线防护。屋顶种植应选择适合屋顶环境的草本植物，借助风、鸟、虫等自然途径传播种子。

（三）调控自然风

植物可以影响气流的速度和方向，起到调控自然风的作用。通过生态景观设计既可以引导自然风进入建筑内部，促进建筑通风，又可以防止寒风和强风对建筑内外环境的不利影响。

导风是指根据当地主导风的朝向和类型，巧妙利用大树、篱笆、灌木、藤架等将自然风导向建筑的一侧（进风口）形成高压区，并在建筑的另一侧（排风口）形成低压区，从而促进建筑自然通风。为了捕捉和引导自然风进入建筑内部，还可以在建筑紧邻进风口下风向一侧种植茂密的植物或在进风口上部设置植物藤架，从而在其周围形成正压区，以利于建筑进风。当建筑排风口在主导风方向的侧面时，可以在紧邻出风口上风向一侧种植灌木等枝叶茂密的植物，从而在排风口附近形成低压区，促进建筑自然通风。在建筑底部接近入口和庭院等位置密集种植乔木、灌木或藤类植物有助于驱散或引开较强的下旋气流。在建筑的边角部位密植多层植物有助于驱散建筑物周围较大范围的强风。多层植物还可以排列成漏斗状，将风引导到所需要的方向。

防风指的是在主导风向垂直布置防风林，减缓、引导和调控场地上的自然风。防风林的作用取决于其规模、密度以及其整体走向相对主导风方向的角度。为了形成一定的挡风面，防风林的长度一般应该是成熟树木高度的 10 倍以上。如果要给建筑挡风，树木和建筑之间的距离应该小于树木的高度。如果要为室外开放空间挡风，防风林则应该垂直于主导风的方向种植，树后所能遮挡的场地进深，一般为防风林高度的 3~5 倍（例如，10m 高的防风林可以有效降低其后部 30~50m 范围内的风速）。还应该允许 15%~30% 的气流通过防风林，从而减少或避免在防风林后部产生下旋涡流。

应当注意的是，通过植物引风只是促进自然通风的一种辅助手段，它必须与场地规划和建筑朝向布置等设计策略结合起来，才能更好地达到建筑自然通风的效果。另外，城市环境中的气流状态往往复杂而紊乱，一般需要借助风洞试验或计算机模拟来确定通风设计的有效性。最后，无论是导风还是防风，都应当在建筑或场地的初步设计阶段就做出综合考虑。

（四）促进城市居民身心健康

生态景观可以兼顾果蔬生产，为城市提供新鲜的有机食物。物种丰富的城市生态景观，尤其是水塘、溪流、喷泉等近水环境，既可以帮助在城市中上班的人群放松身心，提高精神生活质量，又可以成为退休老人休闲、健身的场所，还可以成为儿童游戏和体验的乐园，因此有利于从整体上促进城市居民的身心健康。

（五）为野生动物提供食物和遮蔽所

生态景观设计比传统景观设计的效果更加接近自然，通过生态景观设计可以在一定程度上创造在城市发展中曾经失去的自然环境。将城市生态景观和郊区的开放空间连成网络，可以为野生动物提供生态走廊。

为了使城市景观环境更适合野生动物的生存，要选择那些能产生种子、坚果和水果的本地植物，以便为野生动物提供一年四季的食物。除此以外，还要了解在当地栖息的鸟的种类和习性，并为其设计适宜的生存环境。在景观维护过程中，要对土壤定期覆盖和施肥，使土壤中维持足够的昆虫和有机物；同时要保持土壤湿度，刺激土壤中微生物的生长，保持土壤中蛋白质的循环。生态景区还应该为鸟类设计饮水池，水不必太深，可以置于开放空间，岸边地面可以采用粗糙质地的缓坡，以利于鸟类接近或逃离水池。景观植物的搭配上应该选用高大树冠的乔木、中等高度的灌木以及地表植物，供鸟类筑巢繁殖、嬉戏躲避和采集食物等。生态景区应尽量不使用杀虫剂、除草剂和化肥，而是允许植物的落叶以及成熟落地的种子和果实等自然腐烂，从而为土壤中的昆虫等提供足够的营养，也为其他野生动物提供更加自然的栖息环境。

第六节　生态景观规划

一、生态景观规划的概念

生态景观规划是在一个相对宏观的尺度上，为居住在自然系统中的人们所提供的物质空间规划，其总体目标是通过对土地和自然资源的保护及利用规划，实现景观及其所依附的生态系统的可持续发展。生态景观规划必须基于生态学理论和知识进行。可以说，生态学与景观规划有许多共同关心的问题，如对自然资源的保护和可持续利用，但生态学侧重分析问题，而景观规划则更侧重解决问题，将两者相结合的生态景观规划是景观规划走向可持续的必由之路。

二、生态景观规划的基本语言

斑块（patch）、廊道（corridor）和基质（matrix）是景观生态学用来解释景观结构的一种通俗、简明和可操作的基本模式语言，适用于荒漠、森林、农业、草原、郊区和建成区景观等各类景观。斑块是指与周围环境在性质上或外观上不同的相对均质的非线性区域。在城市研究中，在不同的尺度下，可以将整个城市建成区或者一片居住区看成一个斑块。景观生态学认为，圆形斑块在自然资源保护方面具有最高的效率，而卷曲斑块在强化斑块与基质之间的联系上具有最高的效率。廊道是指线型的景观要素，指不同于两侧相邻土地的一种特殊的带状区域。在城市研究中，可以将廊道分为：蓝道（河流廊道）、绿道（绿化廊道）和灰道（道路和建筑廊道）。基质是指景观要素中的背景生态系统或土地利用类型，具有占地面积大、连接度高，以及对景观动态具有重要控制作用等特征，是景观中最广泛连通的部分。如果我们将城市建成区看成一个斑块的话，其周围和内部广泛存在的自然元素就是其基质。

景观生态学运用以上语言，探讨地球表面的景观是怎样由斑块、廊道和基质所构成的，定量、定性地描述这些基本景观元素的形状、大小、数目和空间关系，以及这些空间属性对景观中的运动和生态流有什么影响。如方形斑块和圆形斑块分别对物种多样性和物种构成有什么不同影响，大斑块和小斑块各有什么生态学利弊。弯曲的、直线的、连续的或是间断的廊道对物种运动和物质流动有什么不同影响；不同的基质纹理（细密或粗散）对动物的运动和空间扩散的干扰有什么影响等。并围绕以上问题提出关于斑块的原理（探讨斑块尺度、数目、形状、位置等与景观生态过程的关系），关于廊道的原理（探讨廊道的连续性、数目、构成、宽度及与景观生态过程的关系），关于基质的原理（探讨景观基质的异质性、质地的粗细与景观阻力、景观生态过程的关系等），关于景观总体格局的原理等。这些原理为当代生态景观规划提供了重要依据。

三、城市景观的构成要素

城市景观以其特有的景观构成和功能区别于其他景观类型（如农业景观、自然景观）。在构成上，城市景观大致包括三类要素，即人工景观要素，如道路、建筑物；半自然景观要素，如公共绿地、农田、果园；受到人为影响的自然景观要素，如河流、水库、自然保护区。在功能上，城市景观包括了物化和非物化两方面要素：物化要素即，山、水、树木、建筑等环境因素；非物化要素，即环境要素所体现出的精神和人文属性。作为一种开放的、动态的、脆弱的复合生态系统，城市景观的主要功能是为人类提供生活、生产的场所，而其生态价值主要体现在生物多样性与生态服务功能等方面，其中的林地、草地、水体等生态单元对于保护生物多样性、调节城市生态环境、维持城市景观系统健康运作尤为重要。作为人类改造最彻底的景观，城市景观由于具有高度的空间异质性，景观要素间的流动复杂，景观变化迅速，因此更需要进行生态规划、设计和管理，以达到结构合理、稳定，能流顺畅，环境优美的效果，同时达到高效、和谐、舒适、健康的目的。

四、城市景观规划的主要内容

城市具有自然和人文的双重性，因此对城市生态景观规划也应当包括自然生态规划和人文生态规划两方面的内容，并使自然景观与人文景观成为相互依存、和谐统一的整体。

（一）城市自然景观规划

城市自然景观规划的对象是城市内的自然生态系统，该系统的功能包括提供新鲜空气、食物、体育、休闲娱乐、安全庇护以及审美和教育等。除了一般人们所熟悉的城市绿地系统之外，还包含了一切能提供上述功能的城市绿地系统、森林生态系统、水域生态系统、农田系统及其他自然保护地系统等。城市的规模和建设用地的功能总是处在不断变化之中，城市中的河流水系、绿地走廊、林地、湿地等需要为这些功能提供服务。面对急剧扩张的城市，需要在区域尺度上首先规划设计和完善城市的生态基础设施，形成能高效维护城市生态服务质量、维护土地生态过程的安全的景观格局。

根据景观生态学的方法，城市需要合理规划其景观空间结构，使廊道、斑块及基质等景观要素的数量及其空间分布合理，使信息流、物质流与能量流畅通顺，使城市景观不仅符合生态学原理，而且具有一定的美学价值，适宜人类聚居。在近些年的发展中，景观规划吸收生态学思想，强调设计遵从自然，引进生态学的方法，研究多个生态系统之间的空间格局，并用“斑块—廊道—基质”来分析和改变景观，指导城市景观的生态规划。

（二）城市人文景观规划

所谓人文生态指的是一个区域的人口与各种物质要素之间的组配关系，以及人们为满足社会生活各种需要而形成的各种关系。多元的人文生态与其地域特有的自然生态紧密相关，是使得一个城市多姿多彩的重要缘由之一。一个优美而富有吸引力的城市景区，通常都是自然景观与人文景观巧妙结合的作品。一座城市的人文景观应该反映该城市的价值取向和文化习俗。城市人文生态建设应当融入城市自然生态设施的规划和建设中，使文化和自然景观互相呼应、互相影响，城市才能因此具有鲜明的特色和生命力。人文生态的规划要努力挖掘和提炼地域文化精髓，继承传统文化遗产，同时反映城市新文化特征，注意突出城市文化特色并寻求城市文化的不断延续和发展。

五、当前城市景观存在的生态问题

当前城市景观存在的生态问题，主要源于城市规划建设中不合理的土地利用方式以及对自然资源的超强度开发，具体表现在以下三个方面：

（一）景观生态质量下降

在城市中，承担着自然生境功能的景观要素类型主要有林地、草地、水体和农田等。随着城市人口激增和生产生活用地规模的迅速扩大，城市中自然景观要素的面积在不断减少，生物多样性严重受损，导致景观生态稳定性降低，对各种环境影响的抵抗力和恢复力下降。同时，随着环境污染问题日益加剧，城市自然环境的美学价值及舒适性降低，人们纷纷离开城市走向郊区。而郊区化的蔓延，使原本脆弱的城市郊区环境承受了巨大的压力。随着经济的增长，在市场推动下，各大城市，尤其是其经济开发区，都保持着巨大的建设量，大规模的土地平整使地表植被破坏，土地裸露，加上许多土地长期闲置，导致城市区域水土流失的状况日益加剧，不仅造成开发土地支离破碎，而且危害市区市政基础设施及防洪安全，对城市景观和环境质量构成威胁。研究表明，城市周边裸露平整土地产生的土壤侵蚀程度远远超过自然山地或农业用地。

（二）景观生态结构单一

城市区域内土地紧张，建筑密度大，造成城市景观破碎度增加，通达性降低。城市自然景观元素主要以公共绿地的形式存在，集中在少数几个公园或广场绿地，街道及街区分布稀少，难以形成网格结构，空间分配极不均衡。同时，绿地内植被种类及形态类型单一，覆盖面小，缺乏空间层次，难以实现应有的生态调节功能。

（三）景观生态功能受阻

城市区域中，人类的活动使自然元素极度萎缩，景观自然生态过程（如物种扩散、迁移、能量流动等）严重受阻，生态功能衰退，其涵养、净化环境的能力随之降低。例如，建设开发使河道、水系干涸、污染，修建高速公路使自然栖息地一分为二等，这些活动都造成自然生态过程中断，景观稳定性降低。另外，城市建筑密度过高，也使景观视觉通达性受阻，同时空气水源、噪声等各种污染使城市景观的可持续性和舒适性降低。

六、城市生态景观规划的基本原则

城市自然景观的生态规划一般应遵循以下基本原则：

生态可持续性原则：使城市生态系统结构合理稳定，能流、物流畅通，关系和谐，功能高效。在规划中要注重远近期相结合，在城市不断扩张的过程中，为生态景观系统留出足够的发展空间。

绿色景观连续性原则：通过设置绿色廊道、规划带形公园等手段加强绿地斑块之间的联系，加强绿地间物种的交流，形成连续性的城市景观，使城市绿地形成系统。

生物多样性原则：多样性导致稳定性。生物多样性主要是针对城市自然生态系统中自然组分缺乏、生物多样性低下的情况提出来的。城市中的绿地多为人工设计而成，通过合理规划设计植物品种，可以在城市绿地中促进遗传多样性，从而达到丰富植物景观和增加生物多样性的目的；遵循多样化的规划原则，对于增进城市生态平衡、维持城市景观的异质性和丰富性具有重要意义。

格局优化原则：城市景观的空间格局是分析城市景观结构的一项重要内容，是生态系统或系统属性空间变异程度的具体表现，它包括空间异质性、空间相关性和空间规律性等内容;它制约着各种生态过程，与干扰能力、恢复能力、系统稳定性和生物多样性有着密切的关系。良好的景观生态格局强调突出城市整体景观功能，通过绿色的生态网络，将蓝色的水系串联起来，保障各种景观生态流输入和输出的连续通畅，维持景观生态的平衡和环境的良性循环。在中国，城市绿地一般极为有限，特别是老城区，人口密度大，建筑密集，绿化用地更少。因此，在景观规划中，如何利用有限空间，通过绿地景观格局的优化设计，充分发挥景观的生态功能和游憩功能，以及通过点、线、带、块相结合，大、中、小相结合，达到以少代多、功能高效的目的显得尤为重要。

七、城市景观规划的技术和方法

景观规划的过程应该是一个决策导向的过程，首先要明确什么是要解决的问题，规划的目标是什么，然后以此为导向，采集数据，寻求答案。

在制定景观规划时通常需要考虑六个方面的问题：第一，景观的现状（景观的内容、边界、空间、时间以及景观的审美特性、生物多样性和健康性等，需要用什么方法和语言进行描述）；第二，景观的功能（各景观要素之间的关系和结构如何）；第三，景观的运转（景观的成本、营养流、使用者满意度等如何）；第四，景观的变化（景观因什么行为，在什么时间、什么地点而改变）；第五，景观变化会带来什么样的差异或不同；第六，景观是否应该被改变（如何做出改变景观或保护景观的决策，如何评估由不同改变带来的不同影响，如何比较替代方案等）。

（一）地图叠加技术

在早期的城市及区域规划中，规划师们常常采用一种地图叠加技术，即采用一系列地图来显示道路、人口、建筑、地形、地界、土壤、森林，以及现有的和未来的保护地，并通过叠加的技术将气候、森林、动物、水系、矿产、铁路、公路系统等信息综合起来，反映城市的发展历史、土地利用及区域交通关系网以及经济、人口分布等。在景观规划中，也可以采用这种方法，针对每个特定资源进行制图，然后进行分层叠加，经过滤或筛选，最终可以确定某一地段土地的适宜性，或某种人类活动的危险性，从而判别景观的生态关系和价值。这一技术的核心特征是所有地图都基于同样的比例，并都含有某些同样的地形或地物信息作为参照系；同时，为了使用方便，所有地图都应在透明纸上制作。

20世纪50年代，英国著名园林设计师麦克哈格首先提出了将地图分层叠加方法用于景观规划设计中。在近半个世纪的历程中，地图分层叠加技术从产生到发展和完善，一直是生态规划思想和方法发展完善过程的一个有机组成部分。首先是规划师基于系统思想提出对土地上多种复杂因素进行分析和综合的需要，然后是测量和数据收集方法的规范化，最后是计算机的发明和普及，都推动了地图分层叠加技术的发展。

中关村科技园海淀园发展区生态规划，就是一个应用麦克哈格“千层饼”方法分析的实例。其中选取了8项生态因子图进行叠算，其中深色部位适宜生态保护和建设，浅色部位适宜城市建设。该规划还根据土地生态适宜性分析模型，运用景观学“斑块—廊道—基质”原理，建立了园区的自然生态安全网络，并编制了土地生态分级控制图。在其规划指标体系中，将园区分为5个生态等级区：一级区为核心生态保护区，二级区为生态保护缓冲区，三级区为生态建设过渡区，四级区为低度开发区，五级区为中度开发区。它为确定城市发展方向提供了科学依据。

（二）3“S”技术

随着空间分析技术的发展及其与景观规划的结合，遥感（Remote Sensing，简称RS）、全球定位系统（Global Positioning System，简称GPS）和地理信息系统（Geographic Information System，简称GIS）在景观规划中得到应用。它们极大地改变了景观数据的获取、存储和利用方式，并使规划过程的效率大大提高，在景观和生态规划史上可以被认为是一场革命。其中，遥感（RS）具有宏观、综合、动态和快速的特点，特别是现代高分辨率的影像是景观分类空间信息的主要数据源，遥感影像分析是景观生态分类和景观规划的主要技术手段；全球定位系统（GPS）的准确定位是野外调查过程中进行空间信息定位的重要工具；地理信息系统（GIS）的空间数据和属性数据集成处理以及强大的空间分析功能，使得现代景观规划在资源管理、土地利用、城乡建设等领域发挥着越来越大的作用。如果将生态景观规划的过程分解为分析和诊断问题、预测未来、解决问题三个方面的话，那么，与传统技术相比，地理信息系统尤其在分析和诊断问题方面具有很大的优势。这种优势主要反映在其可视化功能、数据管理和空间分析三个方面。

八、城市景观规划的生态调控途径

（一）构建景观格局

城市是自然、经济和社会的复合体，不同的城市生态要素及其发展过程形成了不同的景观格局，景观格局又作用于生态过程，影响物种、物质、能量以及信息在景观中的流动。合理的城市景观格局是构建高效城市生态环境的基础。在城市景观规划中，不仅要注意保持其生态过程的连续性，而且应使其中的各种要素互相融合、互为衬托、共同作用，从而形成既具有地方特色又具有多重生态调控功能的城市景观体系。

（二）建设景观斑块

城市景观规划应有利于改善城市生态环境。在规划中，除了要加强公园、绿地等人工植被斑块的建设，还应尽可能引进和保护水体、林地、湿地等具有复杂生物群落结构的自然和半自然斑块，并使其按照均衡而有重点的格局分布于城市之中。同时合理配置斑块内的植物种类，形成稳定群落，增加斑块间的异质性，可为形成长期景观和发挥持续生态效益打下基础。

（三）建立景观廊道

城市中的景观廊道包括道路、河流、沟渠和林带等。研究表明，景观廊道对生物群体的交换、迁徙和生存起着重要作用。通畅的廊道、良好的景观生态格局有利于保障各种景观生态流输入和输出的连续通畅，维持景观生态平衡和良性循环。同时，城市景观廊道还是城市景观中物质、能量、信息和生物多样性汇集的场所，对维护城市生态功能的稳定性具有特殊作用。

城市中零散分布的公园、街头绿地、居民区绿地、道路绿化带、植物园、苗圃等城市基质上的绿色斑块，应与城外绿地系统之间通过“廊道”（绿化带）连接起来，形成城市生态景观的有机网络，使得城市景观系统成为一种开放空间。这样不仅可以为生物提供更多的栖息地和更广阔的生活场所，还有利于城外自然环境中的野生动物、植物通过“廊道”向城区迁移。此外，在城市中，可以将公园绿地、道路绿地、组团间的绿化隔离带等串联衔接，并与河流及其防护林带构成相互融会贯通的“蓝道”和“绿道”，在总体上形成点、线、面、块有机结合的山水绿地相交融的贯通性生态空间网络。

（四）改善基质结构

城市景观要素中“基质”所占面积最大，连接性最强，对城市景观的控制作用也最强。它影响着斑块之间的物质、能量交换，能够强化或减弱斑块之间的联系。在城市景观环境中，存在大量硬质地面，包括广场、停车场等，它们是城市景观基质的重要组成部分。为了改善这些基质的结构和生态效应，对城市公共空间中的硬质地面应优先考虑采用具有蓄水或渗水能力的环保铺地材料，如各种渗水型铺砖等。在城市的高密度地区，可采用渗透水管、渗透侧沟等设施帮助降水渗入地下。在具体规划设计中应根据各个城市不同的气象及水文条件，确立合理的渗透水及径流水比例，并以此为依据指导城市各种地面铺装的比例，从而在总体上逐步实现对城市降水流向的合理分配。随着更多新型生态化城市硬质铺面材料的问世，城市景观基质结构与自然生态系统的连通性将会不断得到改善。

（五）控制土地扩张

随着城市化水平的提高，城市区域及周边水土流失日益严重，耕地减少速度不断加快，这是世界各国在城市化过程中普遍面临的问题。20 世纪 90 年代，美国针对城市扩张导致的农业用地面积减少及城市发展边界问题，制定了相关法律和土地供给计划，并且基于 GIS 技术建立了完整的空地及建设用地存量库，用以统筹控制城市区域土地的扩张。我国当前正处在城市化高速发展的时期，在城市开发建设过程中，更需要把握城市总体景观结构，控制城市土地扩张，结合城市中自然绿地、农田水域等环境资源的分布，在开发项目的选址、规划、设计中应遵循生态理念，保持城市景观结构的多样性，防止大面积建筑群完全代替市郊原有的自然景观结构。此外，可以通过保持城市之间农田景观的方式，在满足城市建设土地的同时，为城市化地区生态环境的稳定性提供必要的支持和保证。

回顾整章内容，本章从景观的含义出发，首先介绍了生态景观设计的一般概念、主要内容、基本原则、常用方法和主要作用；其次介绍了生态景观规划的概念、基本语言和构成要素；最后着重介绍了城市景观规划的相关内容。其中，分析了当前城市景观存在的主要生态问题；提出了城市生态景观规划的基本原则，以及城市景观规划的基本技术和方法；最后介绍了城市景观规划的生态调控途径。应该说，城市景观生态问题的妥善解决，有赖于对景观生态系统更加深入而系统的科学研究；有赖于更先进和可靠的地理信息系统和分析技术及其与景观生态规划的结合（目前，在景观生态学定量分析基础上的景观规划还远没有成熟，从这个意义上来说，景观生态规划才刚刚开始）；更有赖于一种新的生态景观规划与建设理念及思路的形成，即重视景观的整体生态效应，同时将人类视为影响景观的重要因素，从整体上协调人与环境、社会经济与资源环境的关系，从而最终实现城市生态景观的保护与可持续发展。

第七章　可持续城市生态景观设计

第一节　城市环境中景观可持续发展

城市景观的可持续发展是一种景观创造和维护的哲学方法，从生态学角度看，其系统稳定，景观投入少，易于管理。这种景观不是纯粹意义的自然景观，而是由人工预设，以期在一定时间和空间尺度内，形成平衡和积极的景观场所，满足人类社会和自然环境系统的协同发展。

一、环境可持续发展观点

现代景观的可持续发展观由环境保护及可持续发展的历史观点发展而来。早在 18 世纪，随着工业革命的发展，城市扩张，压榨自然资源，人口密度和规模急剧膨胀，这种现象很快就引来了批评，也必然产生相对的保护或可持续观点。其中，以英国乡村牧师托马斯·马尔萨斯在 1798 年发表的论文《人口论》作为开端。在该文章中，他质疑了地球能否承受呈几何级数增长的人口。马尔萨斯的文章激起了强烈的社会反响。在 20 世纪 40 年代，美国科学家奥尔多·利奥波德就自然与人类问题提出了一个更加哲学化的观点，即“土地道德”，呼吁人们以谦恭和善良的姿态对待土地，这个观点出自他的著作《沙乡年鉴》。利奥波德将存在于人们之间的伦理关系扩展成了人和自然之间的伦理关系，并且对人们的观念提出了进行转变的要求，即对生态规律的遵循。最终人们在20世纪60年代才发现了存在于环境中的严重问题，同时也意识到了利奥波德学说对于现实生活及自然界的指导意义，为此，人们将新自然保护运动领袖的荣誉给了利奥波德。在这时期，美国科普作家蕾切尔·卡逊发表了她著名的环保理念作品——《寂静的春天》，这部著作在环保运动史上是具有里程碑式的作品，蕾切尔·卡逊女士在书中对杀虫剂的大量使用给自然环境造成的破坏给予了严厉的抨击。

二、景观的可持续性

景观可持续性指的是某种景观本身所具有的、可以稳定而长期地给人们提供景观服务且对本区域内人类的福祉有改善及维护的综合能力。在实现可持续的景观过程中，景观格局是至关重要的环节。不管是哪一种景观，都存在着可持续性的环境、人类福祉以及整体性生态实现的最优格局配置原则，要使可持续性景观得以实现就需要对这些景观格局进行一定程度的设计、规划与识别。与此同时，在该过程中还要考虑到对景观服务能力所受到的环境波动及土地利用变化的影响。

景观弹性及可再生能力是景观可持续性所强调的内容。最小化的外部扰动以及最大化的自我再生能力是可持续发展的大部分景观所具备的。在景观自我再生能力的提高与维护方面，我们要对景观要素进行相应的设计与规划，外部环境所产生干扰的抵抗能力也会因此得到相应的提高。建立在某个空间基础上，景观弹性是一个自适应的复杂系统，其包含着不同的社会生态成分及其各成分之间的彼此作用。它也指在系统状态条件不改变的情况下，景观系统所承受干扰的能力。经济、社会以及自然之间的彼此作用产生的复杂系统形成了景观生态系统，景观弹性在面对诸如土地利用变化或者气候变化等不同的干扰机制时，其在持续供给的景观服务方面发挥着极为重要的作用。所以，在分析景观可持续性时，在社会、自然生态系统中纳入景观弹性理念有着极为重要的意义。

第二节　城市生态景观布局设计

在城市生态系统中，景观规划是一项非常重要的内容，它维护着城市的健康发展，使城市生态系统功能得到进一步提高。生态设计是一项特别重要的内容，其好坏直接影响着景观规划设计和环境质量。本节就城市生态景观的布局与规划进行分析，通过对城市生态景观布局创新设计来加强景观规划的生态建设，为我国城市的生态化发展探索一条可持续发展的道路。

一、城市景观生态理念设计需求

针对生态城市构建与设计。城市设计形式可以从生态建设内容对生态环境的影响中表达出来。首先从城市发展的角度来看，组织一些爱护环境方面的内容，将城市道路运行和居民的日常生产生活相互融合，完善城市功能；其次是城市建设要加强自身综合性和可持续发展，在建设中融入城市功能，防止浪费生态需求，提高自我完善，将城市整体环境的规划布局进行进一步改良。

减轻城市二氧化碳气体的排放量。经济建设要考虑碳量排放情况，让人们在生活中能够有绿色节能生活的观念。

二、打造高品质生态城市

城市景观设计。为了进一步提升设计水平，城市生态景观的规划布局需要详细研究景观设计内容，在初步规划时要确定目标方向，完善城市生态景观中的生态系统，健全整个生态系统。景观方面要做好平面规划，规划好高层和超高层景观设计，适当地规划低层生态景观。

城市住宅区设计。设计居住区时，根据生态景观原理，科学合理地进行规划，打造城市健全的基础设施和良好的生态景观生活区域。首先要考虑城市的长远发展要求，根据其地形条件、水质、气候等方面的因素，规划城市的最佳发展地理位置与规模。其次要考虑环保型景观材料，避免景观材料污染环境。另外对景观之间的间距、朝向，包括采光通风等问题要多研究，并采取有效措施解决；采用生态技术来处理生活中产生的排泄物与生活垃圾。

城市产业化设计。第一，循环利用可持续供给的清洁能源、清洁材料。第二，综合自然复合生态系统、社会、经济全面和谐统一的网络。第三，以可持续发展为战略目标，维持良好的绿色生态系统。

三、景观生态规划与设计

环境敏感区。环境敏感区作为一个生态脆弱的区域，对于人类来说，是一个不可预知的天然灾害发生区域，同时也有着非常特殊的价值。环境敏感区可分为生态敏感区、文化敏感区和天然灾害敏感区。生态敏感区包括有江河湖泊、珍贵稀有的植物物种，或是一些野生的动物居住地等。文化敏感区是指历史文化古迹、革命圣地等一些具有参考价值的地区。灾害敏感区则是指一些环境污染严重地、干旱洪涝发生地、地震活动区域等。

绿地规划。在城市环境中，绿地是一项非常重要的生态保护的内容，在维持生态平衡上起了一定的作用。如果城市中绿地遭到破坏，其生态环境也会因此而受到破坏。从景观生态布局上来说，城市中要更多地规划生态绿地，且均匀分布。空间布局方面要将集中和分散方法相结合，在集中使用大面积的土地时，要规划出一部分自然植被区域与小路，同时可在人类休闲区周围设计一些小的人为斑块，将绿地廊道和道路廊道相融合，在两旁种植绿色植被，这样不仅可以提高道路环境质量，有益人们身心健康，还可以扩大绿地范围。另外，绿色廊道要注意连接景观中各斑块，以方便斑块中小型动物迁移。

景观规划。要想拥有一个优美的生产和生活环境，需在整个城市生态景观布局中考虑到景观以及整个城市的外貌。这是一个城市的整体规划设计。要按照城市的实际发展情况和规模进行整体规划，设计出城市生态景观艺术的框架，实现美学的目的。

四、城市生态景观布局创新设计

创新城市景观生态布局需要做到：首先，要保留原有景观，保留其历史价值或观赏价值与经济价值，在这种基础上发挥设计作用，合理应用。其次，要考虑到城市功能，在观赏的同时必须具有一定的实用性。最后要做好景观视觉效果。一个景观布局的好坏标准都是以视觉效果来衡量的，通过群众对事物的美感评价景观。因此，只有科学合理地规划布局，才能突出景观的特色。

第三节　景观统筹与可持续性景观设计

在经历多年的项目实践后，笔者发现真正称得上成功的景观设计案例依然屈指可数。因为设计良好的景观往往会被后来横插进去的道路、桥梁、周边景观所破坏，影响整体的美观，这成为困扰景观设计者的一个难题。要做好一个城市的生态，仅依靠绿化或园林设施并不能解决空气、水体等的污染问题。现在国内的城市规划注重的只是产业布局、交通桥梁、商业配套和绿地指标，而对资源保护和利用、通风光照、人的活动方式等考虑不够充分。城市各个部门往往是各干各的，其结果就是景观也做了很多，但是缺乏整体性、生态性和协调性。所以，笔者提出“景观统筹”的概念，是想把景观设计提高到一个新的高度，使之能真正起到改变城市生态、景观、文化和居民生活的作用。打造一个城市的生态系统，最重要的是要用景观设计统筹城市规划、水利、交通、景观等各项规划设计，根据场地的景观要求实现规划合理化，与水利、市政相协调，从而在美化景观的同时达到节约资源、保护生态的目的。

一、景观统筹与可持续性设计

景观统筹是指由景观来黏合一个区域、一个城市以及每一个项目的方方面面。根据场地的景观要求来规划桥梁、道路、景观等，使规划设计更加合理化、生态化、美观化。另外，景观统筹能够在节约资源和保护生态的同时，提升商业和土地开发的价值，实现效益的最大化，自然资源也会更容易得到保护。

实现景观统筹要满足一些条件，首先作为一名景观设计师，需要掌握一定的知识，如规划、景观、桥梁、水利、生态等，并将其充分地运用在具体的项目中。其次，作为项目的决策者，必须要认识到景观的重要性，在操作一个项目的初期，就应让景观设计师介入所有的项目讨论中。最后，可持续性设计的理念要贯穿整个项目。

可持续性设计的理念是 20 世纪 80 年代提出来的，因为人类社会这几十年的发展比以往任何时候都要快，资源利用和破坏在加速，很多时候在人们还没有反应过来，资源就消耗殆尽了。所以，人们开始反思，怎样发展才能够尽量少地破坏资源或者说尽量合理地利用资源，使资源能够得到长效的发展。于是，可持续性发展的理念应运而生，其目的就是希望所有的发展项目，能够为长远发展考虑。从整体性、延续性以及资源的节约利用几个角度来做项目，而不是只满足于一时的需要。可持续性的设计需要注意以下几点：

其一，可持续性设计一定是整体的设计，设计者要有全局观念，不能因为局部需要而破坏了整体。生态是紧密联系在一起的，某一个节点的断裂会造成整个链条的断裂，导致生态功能的破坏。

其二，有效地利用资源，尽量让自然资源得到利用，并且能够长久地保持下去，避免滥用资源。

其三，多利用一些对人类和自然环境不会造成污染的材料，并且在项目的后续管理中做到尽量少占用资金和劳动力，方便管理。

其四，全面的可持续性发展建立在景观统筹的基础上，以生态为本，关注经济性、实用性和社会性。

“以人为本”这一理念的基本观点是以人类为核心来考虑的，但是放到整个生物链和生态系统中来考虑，就不能“以人为本”，而是要“以生态和谐为本”。人类、动植物与大自然是一体的，缺一不可。所以，任何项目在设计之初，都要正确地认识可持续性设计的重要性，必须要将人的需要与大自然的生态相连，将空气、水域、土壤以及食品安全等纳入整体设计思考中，当成一个系统来认识和打造。这一命题涉及人类怎么样对待大的生态和个体需求，以及人与动植物的相关性的理解。

传统的规划设计与可持续性景观设计存在质的差别，关注点也大不相同。过去的城市很小，即使不考虑雨水，也不一定会有内涝。但是，在如今的社会，情况完全不一样，城市规模成倍增加，系统庞大却不考虑雨水收集、雨水循环等问题，洪水来了就会出现内涝，也容易被污染。过去我们也讲生态，但是生态问题在过去没有像现在这样严峻。所以，现在的可持续性设计变得越来越重要，越来越受人关注。这也就需要我们去做好更加全面、系统的景观统筹工作，在设计考虑初期就要考虑到经济性、生态性、实用性和社会性等多方面因素。

好的可持续设计的标准有很多，从微观来说，用生态环保的材料、节能的措施，这就是可持续性的；从宏观方面来说，节约了土地、保护了资源、增加了社会效益、后期维护变得更简单，这也是可持续性的。但可持续发展不能单纯地从保护了生态、收集了雨水这样的角度去理解，而要从经济的角度出发，花最少的钱，达到最好的效果，尽量多地从节约人力、土地和其他方面的养护支出等角度去评价。经济、工程、能源、生态、开发商的后期维护和运营管理等方面都要有标准，所有的标准都应以生态、环保、节能、经济、实用与美观为核心。

二、景观统筹体现在项目细节与设计过程之中

从项目类型的角度来说，河道景观、中央公园、湿地景观等都是生态敏感型的项目。在设计中要优先考虑生态保护、水域治理、土壤修复、有害物质的清理等方面的工作。同时，设计也需要遵循这样的原则：节约资源，使资源利用最大化；项目建成之后，周边的土地得到最好的利用，价值能够提升，而且利于城市的经营和管理。在生态得以保护，景观得以可持续性发展的同时，城市的经济也得以提升，这就是景观统筹在项目细节与设计过程中所体现的优势。

用具体项目来说，笔者与团队人员在广西南宁园博会项目中针对五个大湖的水域做了生态修复方案。水生植物可以帮助净化水质，软质的驳岸使水能够有效地渗透到地下，这是我们首要考虑的因素。我们还打造了一片让鸟类能够栖息的生态林，让鸟类跟我们一起生活在同一片绿色空间里。在节能方面，我们在设计中尽量不让公园里面有过度的光照和用电，同时也考虑雨水的收集系统，让雨水留存在场地里面。另外一个项目是襄阳的月亮湾湿地公园，我们对河道湿地、小型的岛屿湿地、湖岸湿地等不同的湿地类型都做了研究，让湿地发挥出不同程度的生态效应。在植物利用方

面，我们会选用那些更能适应当地气候、土壤，最容易利用和维护，当地土生土长的植物材料。这些都是可持续设计在具体项目中的体现。

第四节　可持续发展理念的生态城市园林景观设计

本节基于可持续发展理念的生态城市园林景观设计进行了分析，明确了园景观设计的具体概念与城市园林景观可持续发展建设的意义，并基于现阶段园林景观设计存在的问题提出了提升园林景观设计生态性发展的重要途径，希望为关注此话题的人提供有效参考。

一、园林景观设计概述

园林景观设计是传统园林理论与当代景观学、文学、美学、气候学、植物、土壤等相关专业相结合的基础理论，在实际的园林景观设计上要综合考虑各类学科因素，对园林景观内容进行缜密的构思与策略筹划，促使园林景观的设计更具有美学欣赏及可持续发展的生态价值。多种专业学习综合思考下的园林景观设计不仅具备美观性，还应具备人文、可持续发展的特性，提高园林景观的实际应用价值，满足人们日常需求的同时，加强功能层面的建设，通过园林景观设计推动人类文明的发展。

二、城市园林景观可持续发展建设的意义

生态学意义：改善城市面貌，通过园林景观设计改善生态环境。园林

景观设计将各类绿色植物进行合理地搭配，使得植物之间能够相互促进，和谐生长，不仅遵循了自然规律，还充分发挥着植物净化空气、调节温度、减弱噪音、光合作用吸收二氧化碳等重要作用，旨在提升城市的生态性。

社会学意义:园林景观与社会发展之间属于相互推动、相互作用的关系，社会经济发展推动人们的生活水平不断提高，人们对周围生活环境的质量要求不断提升，对城市中绿色化环境的创设需求更高。而园林景观设计是基于人文发展的重要体现，为促进城市物质文明建设、社会精神文明建设起到了推动作用。

三、现阶段城市园林景观设计中存在的问题

当前我国还没有建立起完善的城市规划中园林景观设计制度。部分城市在园林景观设计中缺乏相对专业的设计与施工经验，城市建设对园林景观设计的重视程度不够，实际应用开发更是缺乏一定的有效性，且更加注重其美化作用而忽视了生态、功能性等作用，无法保障园林景观设计与社会效益的协调发展。我国园林景观设计人员对具有观赏性、艺术性的园林景观的设计经验相对丰富，但对结合本地的自然环境和土壤、水等特性设计出具有个性特点的、注重生态平衡、水土养育的、可持续发展的景观艺术作品的经验尚有欠缺。

四、提升园林景观设计可持续发展的重要途径

基于城市发展需求加强园林景观生态性创设。在现阶段国家低碳、节

能、环保、绿色宜居的现代化城市建设中，绿色发展已经成为城市建设发展的第一需求，园林景观是城市建设中重要的生态性建设区域。由此，园林景观设计必须基于城市发展的绿色、生态性需求等合理的设计内容，为城市居民提供休闲、娱乐、充满生机的绿色化环境，并在园林景观设计中融入城市建设的基本理念，把握园林景观效益与城市生态环境效益的统一性。

基于和谐生态关系创设多元园林景观。园林景观设计应当遵循生态优先的原则，优先注重园林景观设计的科学性，在植物搭配层面，尽可能遵循因地制宜原则选取适应当地气候的植物物种，并适当地引进外来树种增加园林景观的多元化；植物搭配要尽可能地避免同类植物的病虫害相互传播与感染，确保植物的健康生长。在艺术性层面应当注重复层植物群落的整体层面设计，把握各个植物种群的稳定性；在美观性层面注重对植物颜色、大小的把控，以提升植物搭配整体上的协调性与美感。

采用节能技术、环保材料和清洁能源。在可持续发展要求下，城市园林建设必须关注于长远效益，在选材过程中，应优先选择无污染、可降解、可循环利用的材料。如在园林软硬景观施工设计、地面铺装设计中，需要使用到水泥材料，可通过选择生态水泥，提高材料的环保性，同时发挥材料性能优势，提高施工质量。另一方面，园林内的照明设施等，可设计为太阳能、风能供电方式，减少园林景观在长期运行过程中的能源消耗。此外，应提高对园林维护的重视，改变以往只重视建设的理念，确保园林能够长期地发挥其观赏功能和生态功能。在设计过程中，明确各种材料、设施的使用寿命，制订修缮和维护计划，确保城市园林能够保持良好的状态。

在园林景观设计层面协调生态建设与社会效益和谐发展。现阶段国家提出的打造绿色化城市，为城市园林景观设计提出了新的要求，在实际的景观设计中，还需综合思考如何把握生态建设与社会效益的和谐发展，坚持以人为本的设计理念，思考如何发挥园林景观的优势性，提高城市建设的整体经济效益与绿色发展效益，尤其应注重城市居民区内自然景观的设计，为城市居民创设人与自然的和谐空间，营造环保节能、可持续发展的、生生不息的生态城市。

综上所述，现代城市园林景观设计发展中，可持续发展理念已经成为城市建设与设计的主要基础理念，通过以可持续发展理念为指导，注重园林景观艺术效果与生态效益相融合，探索提升城市园林景观设计可持续发展的重要途径，旨在推动城市园林景观设计的进一步创新与发展。

第五节　城市排水系统与城市生态景观可持续化的关系

针对城市化建设问题，本节首先概述了城市排水系统，其次分析了城市排水系统与城市生态规划的关系，然后对城市生态系统同城市内涝关系进行了简析，最后分析了城市排水系统与城市生态景观可持续发展之间的关联。本节旨在通过分析城市排水系统与城市生态景观可持续化之间的关系，合理解决部分城市排水系统存在的问题，有效调节城市生态环境景观，提高城市的美化效果，进而有效促进我国城市生态景观的可持续发展，加快我国的城市化进程。

在对城市进行规划的过程中，需要对城市排水系统进行合理的设计，从而保障城市雨水排泄能够顺利开展，避免出现城市内涝的情况，并且对城市生态环境景观进行合理的调节。与此同时，在调节生态与气候之间的水循环关系时，城市的排水系统具有十分重要的作用。并且随着社会经济的发展，城市化进程的加快，人们对于地面上的景观与园林绿化逐渐提起重视，但是却在一定程度上忽略了景观与园林地下的景观，一定程度上增加了城市内涝情况出现的概率。因此，为了有效保障城市景观与园林地下的健康发展，需要相关部门提高对排水系统的重视，合理分析城市排水系统与城市生态景观之间的关系，从而推进我国城市的可持续发展。

一、城市排水系统概述

通常而言，城市排水系统主要指的是对城市中产生的污水以及雨水进行处理，属于一种排水工程设施，是城市公共市政实施中的重要构成之一。另外，城市排水系统还具有一定的综合性，不仅包含着城市水资源的循环流动，还包含着城市的生态循环以及空气流动，与城市的生态建设密切关联。与此同时，排水系统能够将城市中的雨水以及污水等生产生活用水引入到水处理系统中，还能够将处理过的水资源引入到城市建设系统中，为城市的发展以及生态环境的保护提供有力支持，促进城市生态景观的建设发展。

二、城市排水系统与城市生态规划

从客观角度来讲，城市排水系统是城市大系统中重要的组成部分，同时还是水系统的重要构成之一。因此，在对城市排水系统进行规划的过程中，还需要注意将其同城市规划和水资源规划进行协调融合，既能够充分满足城市的供水需求，还能够促进城市的稳定发展，结合区域水资源的实际情况，合理调整城市的发展节奏，并且制定相关的制约要求，从而促进城市生态景观的发展。

另外，在对城市排水系统中的生态景观进行规划时，还需要注意根据实际的土地情况，采取适宜的原则，同城市自身的系统进行合理协调，在原有城市结构基础上，保障城市水资源系统的多样化。同时，具有多样化以及立体化的城市排水系统，不仅能够更好地发挥城市水资源的积极作用，还能够促进城市水资源同自然水源的连接融合，让城市水源成为自然水体的构成之一，从而有利于对城市排水系统同城市基础设施中存在的问题进行合理解决。

除此之外，在对城市生态景观进行规划的过程中，还需要根据城市的经济、人口等因素，保障环境同排水系统的协调发展。并且对区域性的生态问题提高重视，在对其进行解决时，需要在区域化条件下进行，同时保障城市生态规划设计具有一定的层次性。由于城市生态系统具有较多层次，因此，需要加强对生态平衡的重视，保障城市的生态发展。

三、城市排水系统与城市内涝关系

城市发生内涝的主要原因，是城市发生强降水或者出现连续性降水的情况，并且降水量超过了城市排水系统所能承受的程度，进而导致城市内出现了积水灾害。从客观角度来讲，出现内涝的情况主要是降雨强度过大，且降雨范围较为集中导致的。并且在降雨速度较急的地方，还可能出现积水的情况，对人们的日常出行造成不利影响。

城市化进程的加快也会在一定程度上加剧城市内涝的情况。城市不断进行扩张，使得城市人口急剧增加，进而使得城市面积加大，原有的自然泄洪区河道以及湿地被占据以建设城市设施。当城市发生强暴雨时，雨水难以渗透到地表之下，就会在城市道路上流淌堆积，导致城市发生内涝。

四、城市排水系统发展模式对城市生态景观质量的影响

保持水资源的平衡。自然地域在发生降水时，经过林木的截留，会有少部分的水资源经过地面径流排出，而被林木截留的部分会有一部分被树木蒸发，同时还会有小部分渗入到地下，成为地下水，另外，还会有部分水源蒸发，剩余部分则会维持河流旱季的流量。因此，在自然流域中，很

少会生成地面径流的情况，这能够有效防止水患情况的出现，并且有效保障旱季河流的基本流量，增加地表水分蒸发量，从而使得气温能够得到合理降低。而在城市地域内，不仅林木大量减少，导致水资源不能被地面以及林木截流，还受道路建设的影响、地面铺设以及城市设施的构建、绿化地带的减少，导致降雨很难渗透到地下形成地下水，一定程度上使得地下水位有所降低，并且造成城市气温上升的情况。同时，大部分城市的地表面几乎被道路或者各种景观物覆盖，缺少园林建设，进而使得气温由此上升，而人类又为了能够降低气温使用空调机，加剧了能源的消耗，让气温上升陷入了恶性循环当中，进而加剧了城市出现内涝的情况。

针对以上问题，设计者可以结合城市的实际情况，合理建设雨水花园，在城市公园中或者居民小区的绿地内，借助植物或碎石等来对雨水进行截流，同时对雨水做吸收与净化处理，让多余的水溢流至管网，下渗的水则用于回灌土壤或补充地下水。雨水花园的建设成本相对较低，因此，可以将雨水花园同景观场地有效地融合，以便相关人员对雨水花园进行管理维护。因此，在建设城市排水系统过程中，可以融入雨水花园等相关生态排水措施，从而保障城市生态景观的合理建设，促进城市的可持续发展。

促进城市水循环。目前，大部分城市景观物以及城市设施的增加，导致雨季降雨渗透量降低，加剧地表径流量情况。当雨季来临时，城市很难对雨水进行有效处理，一定程度上增加了城市内涝情况的出现。因此，设计者需要对城市地面径流量进行控制，增加雨水在地面径流的时间，从而使得雨水都能够缓慢地排出，最大限度地减少内涝情况的出现。与此同时，还可以加强城市内部的绿化建设，改善硬质材料的铺设，让雨水能够渗透到地下，提高地下水的水位。这样做不仅能够改观城市生态环境，还能够有效解决城市内涝问题。

针对该问题，设计者还应在城市内涝灾害较为严重的地带建设下沉式绿地，根据海绵城市的建设理念，对城市生态景观进行合理规划建设，根据城市的实际情况，在较低地势地区种植乔木或者灌木等其他植被，保证城市内部生态绿地的建设。当雨季到来时，这些植被就可以将多余的水分进行保存，然后对其进行净化，并渗透到地下，使这片绿地形成生态雨水湿地。这样不仅能够有效地补给城市地下水资源，还能够有效削弱雨水的污染，实现节约水资源的目标。

在城市发展过程中，城市排水系统占据十分重要的地位，它不仅能够直观地将城市发展过程展现出来，还能够体现出城市的发展变化，同时对于城市的未来建设发展也具有基础性作用。另外，城市排水系统还具有一定的综合性，不仅利于城市的稳定发展，还能够对城市与水资源之间的关系进行有效处理，促进城市与水资源之间和谐发展。由于城市排水系统是处于地下的景观，属于排水管网建设，对于城市而言，它还具有排洪防涝的功能，能有效提升人们的生活质量，推进城市生态景观的可持续发展。

第六节　城市边缘区域环境景观可持续发展

随着我国经济快速发展，城市迅速建设与扩张，中心城市地区与周围乡村地区的经济、文化、生态环境差异越来越大，介于其中的过渡区域——城市边缘区域所承担的压力与责任也越来越大。本节主要从可持续发展的角度出发，围绕城市边缘区域环境景观规划的内涵与原则展开研究。

21 世纪以来，随着城市建设和发展进程的加速，中国城市的可持续发展面临着极大的挑战，如城市人口密度过大、生态环境遭到破坏、交通拥堵严重等。城市边缘区域是位于城市和农村之间的过渡区域，它兼具城市和乡村特征，并且人口密度低于城区而高于周围的乡村。城市边缘区域具有较大的开发潜力，在分担城市功能、协同城市发展的同时，也影响着中心城市的建设与发展。因此，城市边缘区环境景观是否可持续发展，对于实现城市生态可持续发展有着非常重大的意义。

一、城市边缘区域的含义与功能

（一）城市边缘区域的含义

伴随着城市化水平发展到一定阶段，德国学者赫伯特·路易斯于 1936 年提出了“城市边缘区域”的概念，认为边缘区域是一个独特的区域，它的特征既不同于城市，也不同于乡村。美国区域规划专家弗里德曼认为，任何一个国家都是由核心区域和边缘区域组成。在工业发展阶段，城市快速向外扩张，原有的城市区域转化为城市中心，和郊区结合形成大城市圈，而城市中心区域与乡村之间出现了过渡区域，即“城市边缘区域”。由于城市是在不断建设与扩张的，城市边缘区域也因此随着城市的扩张而外扩。因此，城市边缘区域是一个动态地域，并且在未来的发展中可能转变成为城市区域，城市和边缘区域的界限处于动态变化状态。

（二）城市边缘区域的功能

城市边缘区域作为介于中心城市和外围乡村两大板块中间的特殊区域，是一个非常有生命力、有活力的区域，同时又是一个多种功能混杂的地区。其一，分担城市功能。城市与乡村的各种要素变化梯度大：中心城市人口密度过大，生态环境恶劣，地价飞涨，交通拥堵等；而乡村人口密度小，生态环境保护良好，地广人稀，道路交通畅通，这就会使城市的部分人口、产业向城市边缘区域扩张，形成新的功能区，如工业区、经济开发区、商贸聚集区、科研文教区、住宅新区等。其二，供应鲜活农产品。城市边缘区域毗邻城区，接近消费市场，交通便捷。城市边缘区域的地理优势和市场优势使之有着城市“菜篮子”之称。其三，城市就业饱和，城市边缘区域新功能区的形成，加上其区域位置上的优势，在很大程度上缓解了城市劳动力转移的压力。其四，在城市扩张过程中，公园、风景区、林地、苗圃、农田等绿地以非连续的形态存在于城市边缘区域，形成的绿色生态环境成为城市环境的保护屏障，既可以缓冲自然灾害、调节城市生态功能，又可以成为人们旅游、放松的理想区域。

二、可持续发展的城市边缘区域环境景观规划原则

可持续发展包括了可持续与发展两个概念。发展指的是人们物质财富、精神财富的增加和生活品质的提升。可持续性包含了生态、经济和社会的可持续，其中生态可持续是基础，经济可持续是条件，社会可持续是目的。城市边缘区域的环境景观可持续发展既受乡村向城市聚集作用的推动，又受城区辐射作用和自身城市化的内在张力影响，兼具乡村环境景观和城市环境景观的部分特点，包含有自然环境景观、人文环境景观和人工环境景观。城市边缘区域环境景观规划应遵循以下几个原则：

“天人合一”原则。从古至今，人与自然都是相互依存的关系，“天人合一”原则的主要内涵是人与自然和谐相处的思想。自然环境是人类生存和发展的载体，保留并保护城市边缘区域的原始自然环境景观，在保护整个自然生态系统的基础上，合理地开发和利用自然资源，维护人与自然环境景观的协调关系，以自然生态过程为依据，使城市边缘区域中的生态环境可进行自我调节与净化。

地域化原则。城市边缘区域作为一个动态发展的区域，使得其环境景观在形成的过程中逐渐呈现出当地的人文特点和历史投影。一个优秀的、有规划的环境景观，必须保持区域景观特色和历史文化价值，在适应多元

化发展建设的同时，也应保留生态可持续发展的内容。

艺术原则。作为城市的“后花园”，城市边缘区域同时还承担着风景旅游区的休闲娱乐功能，因此其环境景观在满足基本生态功能和历史人文特色的基础上，还应具备艺术性，成为时间艺术与空间艺术的结合体。要将带给人艺术感官体验的视觉、听觉、嗅觉和触觉融入环境景观的规划设计当中，带给感知对象舒适美好的感受。当然，这种人工艺术环境景观的创造，也不可脱离人与自然和谐相处的原则，须以自然环境为出发点，利用科学的手段调节，最终呈现出一种艺术的状态。

参考文献

[1] 萧默 . 建筑意 [M]. 北京：清华大学出版社，2006.

[2] 廖建军 . 园林景观设计基础 [M]. 长沙：湖南大学出版社，2011.

[3] 侯幼彬 . 中国建筑美学 [M]. 北京：中国建筑工业出版社，2009.

[4] 唐学山 . 园林设计 [M]. 北京：中国林业出版社，1997.

[5] 彭一刚 . 中国古典园林分析 [M]. 北京：中国建筑工业出版社，1986.

[6] 余树勋 . 园林美与园林艺术 [M]. 北京：科学出版社，1987.

[7] 高宗英 . 谈绘画构图 [M]. 济南：山东人民出版社，1982.

[8] 王其钧 . 中国园林建筑语言 [M]. 北京：机械工业出版社，2007.

[9] 褚泓阳，屈永建 . 园林艺术 [M]. 西安：西北工业大学出版社，2002.

[10] 韩轩 . 园林工程规划与设计便携手册 [M]. 北京：中国电力出版社，2012.

[11] 邹原东 . 园林绿化施工与养护 [M]. 北京：化学工业出版社，2013.

[12] 阿纳森 . 西方现代艺术史：绘画 · 雕塑 · 建筑 [M]. 邹德侬，巴竹师，

刘斑，译 . 天津：天津人民美术出版社，1999.

[13] 毕加索，等 . 现代艺术大师论艺术 [M]. 常宁生，译 . 北京：中国人民大学出版社，2003.

[14] 布思 . 风景园林设计要素 [M]. 曹立昆，曹德鲲，译 . 北京：中国林业出版社，1989.

[15] 罗易德，伯拉德，等 . 开放的空间 [M]. 罗娟，雷波，译 . 北京：中国电力出版社，2007.

[16] 里德 . 园林景观设计从概念到设计 [M]. 郑淮兵，译 . 北京：中国建筑工业出版社，2010.

[17] 郭晋平，周志翔 . 景观生态学 [M]. 北京：中国林业出版社，2007.

[18] 傅道彬 . 晚唐钟声：中国文学的原型批评 [M]. 北京：北京大学出版社，2007.

[19] 王郁新，李文，贾军，马铁明 . 园林景观构成设计 [M]. 北京：中国林业出版社，2007.

[20] 王惕 . 中华美术民俗 [M]. 北京：中国人民大学出版社，1996.